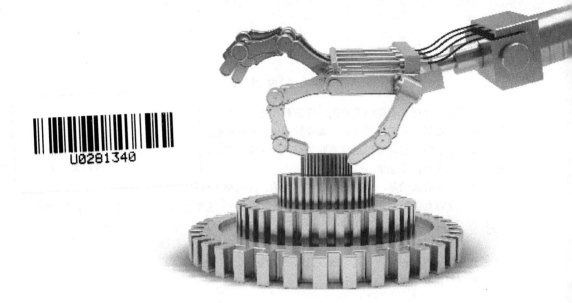

智能制造

原理、案例、策略一本通

刘 凌 付福兴 | 编著

电子工业出版社·

Publishing House of Electronics Industry

北京 · BEIJING

内 容 简 介

本书首先介绍与智能制造有关的理论和技术，例如，工业 4.0 的本质、各国智能制造的发展现状等；然后，从产品智能化、物流智能化、零售智能化、营销智能化、服务智能化 5 个方面，讲述智能制造如何对传统制造业进行重新定义；最后，展望智能制造的未来，并为各大企业应对智能制造出谋划策。

本书最为亮眼的是，除了介绍必要的理论，还列举了极具借鉴价值的案例，让读者对智能制造有更加深刻的理解和更加成熟的把握。可以说，在智能制造方面，本书不仅具备了实用性，还具备了一定的前瞻性，是新时代企业转型升级的必备书籍。

图书在版编目（CIP）数据

智能制造：原理、案例、策略一本通 / 刘凌，付福兴编著. —北京：电子工业出版社，2020.6

ISBN 978-7-121-38640-4

Ⅰ. ①智… Ⅱ. ①刘… ②付… Ⅲ. ①智能制造系统 Ⅳ. ①TH166

中国版本图书馆 CIP 数据核字（2020）第 036264 号

责任编辑：刘志红（lzhmails@phei.com.cn） 特约编辑：宋兆武
印　　刷：北京七彩京通数码快印有限公司
装　　订：北京七彩京通数码快印有限公司
出版发行：电子工业出版社
　　　　　北京市海淀区万寿路 173 信箱　邮编　100036
开　　本：700×1 000　1/16　印张：14.5　字数：278.4 千字
版　　次：2020 年 6 月第 1 版
印　　次：2024 年 11 月第 2 次印刷
定　　价：89.00 元

凡所购买电子工业出版社图书有缺损问题，请向购买书店调换。若书店售缺，请与本社发行部联系，联系及邮购电话：（010）88254888，88258888。

质量投诉请发邮件至 zlts@phei.com.cn，盗版侵权举报请发邮件至 dbqq@phei.com.cn。

本书咨询联系方式：（010）88254479，lzhmails@phei.com.cn。

　　在 2015 年的两会上，李克强总理在政府工作报告中，确定了以"坚持创新驱动、智能转型、强化基础、绿色发展，加快从制造大国转向制造强国"为主题的发展方向。制造业主要领域要具有创新引领能力和明显竞争优势，要建成全球领先的技术体系和产业体系。

　　与"中国制造实施强国战略"相对应的是德国的"工业 4.0"、美国的"再工业化"及日本的"人工智能"。尽管称呼不同，但核心都是相同的，都是力图通过对前沿技术的应用与发展，推动制造业向智能化、自动化的转型升级。

　　对于制造业来说，智能化、自动化要依靠人工智能、大数据、云计算、物联网、5G 等前沿技术来实现。此外，只有与时代深度融合，产品生产紧紧围绕市场和消费者需求，从 B2C 走向 C2B，企业才能在激烈的竞争中脱颖而出。

　　制造业大变革所带来的冲击力远远超过人们的想象，以前那种资源消耗型与劳动力密集型企业的经营会越来越艰难，面临的挑战会越来越严峻。在新的大变革面前，国家、企业和个人，要么处于巨大的风口上，要么被发展的浪潮淹没。尤其对于中小型企业来说，这是一次难得的"弯道超车"机会，把握住这次机会，当下的商业格局会被重新洗牌。

我们必须了解智能制造，也要做好准备迎接智能制造带来的一系列影响。无论是"制造业回归""再工业化"，还是"转型升级"，都不能忽视对过去前进道路的思考与总结。企业要具备一定的信息与技术基础，以迎接整个生态体系对供应端的崭新需求。

本书以研究者的视角，通过对代表性案例进行分析，以小见大、以点带面，详细阐述了前沿技术的应用，以及前沿技术对传统制造业的影响。全球各大知名企业转型升级的发展历程，是值得其他企业借鉴的经典范例。

本书由刘凌（西北工业大学博士）负责第 1~5 章的编写工作；付福兴（四川大学博士）负责第 6~10 章的编写工作。作者把丰富的知识积累和多年的实践经验，浓缩成这本书奉献给每一位读者。希望大家可以通过阅读本书受到启发，防微杜渐、谨慎决策，规划一条符合时代潮流和企业发展特点的转型升级之路。可以说，对有转型升级需求的读者而言，本书的学习之旅一定会十分完美。

第1部分
智能制造，智创未来

第 **1** 章

智能制造："智造"新风口

智能制造作为新的时代风口，将引起整个制造业的变革。机器和物联网、云计算、人工智能、5G 是这一变革过程中的重要参与者。在国家相关政策和技术升级的背景下，智能制造已经成为最具投资机会的领域，制造企业的转型势在必行。

1.1 工业 4.0 的本质：信息化+自动化

智能制造带来的第四次工业革命被称作工业 4.0，它将制造业的生产过程向智能化、数据化转变，最后使产品供应能够个性定制、快速有效。从本质上来看，工业 4.0 是信息化和自动化的结合，例如生产线和生产数据的自动化。

1.1.1 应用层：自动化生产线

在工业 4.0 的应用层中，自动化生产线是重要的组成部分，它以连续流水线为基础，不需要工人操作，所有设备会按照统一的设定运转。要建立一条这样的

自动化生产线，需要配置控制器、传感器、机器人、电机等。如今，为了顺应工业 4.0 的发展潮流，也为了提升生产的效率和质量，各大企业都在积极建立自动化生产线。

自共享单车热潮兴起以来，自行车生产就成为企业竞争的关键。与摩拜单车、哈罗单车不同，小鸣单车的自行车由凯路仕全权负责，整个生产过程都是自动化、智能化的。2016 年，凯路仕购置了一批自动化焊接机器人（见图 1-1），以推动生产的高效、节能。

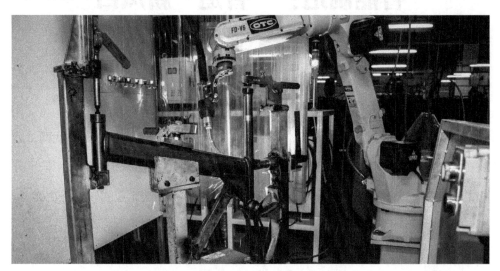

图 1-1　凯路仕的自动化焊接机器人

在使用焊接机器人并辅以原有组装线以后，凯路仕每天能帮助小鸣单车生产 1 万多辆自行车。如果加班加点的话，甚至能超过 2 万辆。相关资料显示，小鸣单车已经在多个城市实现投放，凯路仕在其中扮演了重要角色。

凯路仕能提高生产效率的原因是用焊接机器人代替工人。相比于工人，焊接机器人的生产速度更快，而且可以 24 小时连续工作。

凯路仕的 120 台焊接机器人，平均每台每天焊接 300 个车架，远超于工人的效率。即使如此，自动化生产线中也不能少了工人，他们需要把组件安装到模具上。这项工作比较简单、轻松。

对于凯路仕来说，除了改进自动化生产线的需求，使用焊接机器人其实是一个无奈之举，因为雇用工人的费用越来越高。而建立自动化生产线，虽然初期需要大量的资金，但可以节省一大笔人力成本，从长远来看可以提高效益。

在凯路仕的自动化生产线上，全自动的运输带也是标配。通过运输带，已经焊接过的车架被送往涂漆、贴标、组装等环节，这样不仅便于工人操作，还可以将垂直空间全部利用起来，增加自行车的产量。

为小鸣单车生产自行车时，凯路仕对产量提出了更高的要求，车架、前叉等的质量标准也非常严格。一般来说，焊接是最耗费时间和精力的环节，会对产量造成非常严重的影响，因此，凯路仕不惜花重金去优化这一环节，提升这一环节的自动化和智能化。

共享单车与自动化生产线的结合，再加上 App 的大量普及，让凯路仕和小鸣单车都拥有了更好的盈利模式。凯路仕认为共享单车不仅仅是融资风口，还是一桩有广阔前景的生意，所以愿意为此出一份力，以身作则地推动工业 4.0 的发展。

随着自动化生产线的不断升级，工人的数量虽然会减少，但效率不会下降。例如，在华为的工厂中，生产线之间的传送都可以通过机器人完成，而且这些机器人全部由华为自行研发设计，质量非常有保障。

在工业 4.0 的助力下，工人不再需要做一些简单和重复的工作，而是把重心放在处理难题、打通闭环上。总而言之，各大企业都已经朝着智造制造的方向前进，未来的竞争将会变成人才、技术、资源的竞争。

1.1.2 操作层：借智能机床实现生产数据自动化

自动化生产包含两个方面，一是生产线自动化，二是生产数据自动化。生产线自动化已经详细介绍过，那么生产数据自动化又是什么呢？对于工业 4.0 来说，生产数据在各环节自由有序地流动是重要前提与基础。

在智能化时代，通过对生产数据进行采集和分析，每台设备的实时状态和异常情况都可以被监控。另外，通过计算机系统或手机，生产中的一些重要事件可以立即传达给相关负责人，以帮助他们实现透明化、实时化的管理。

生产数据、设备、人之间的互连互通加速了工业 4.0 的发展，同时也是"连接促进智能"的一个关键体现。在这方面，有些企业已经取得了非常不错的成果。

博世是德国的一家制造企业，在该企业的工厂中，每个工件或者装工件的盒子上都贴着无线射频识别电子标签（以下简称电子标签），这个电子标签记录了生产数据和产品信息，相关负责人可以随时随地查看，例如，工件所处的位置、产品的加工时间等。

博世将生产过程中的数据展示在网络上，有效解决了之前无法解决的棘手问题。相关数据显示，新模式投入使用之后，库存减少了 30%，生产效率提高了 10%。

在博世的一家工厂中，智能机床也实现了互连，并由此推动了生产数据自动化。因为智能机床被计算机控制着，所以相关负责人能掌握其状态，例如开关、运行、加工、故障、利用率等，与之相关的信息会自动显示出来，整个生产过程都非常透明。

数字化手段可以帮助生产数据互连互通，实体虚拟与现实的深度融合，对于制造业来说，都有着非凡的意义。一方面，使生产走向智能化、集约化、柔性化；另一方面，通过连接为制造企业带来效益，推动行业发展。

优秀的企业通常以用户为中心，会把用户的体验当成重中之重。从市场需求、产品设计、生产规划到营销策略、售后服务，数据在不断增值，并指导着企业了解、走近用户。因此，对于企业来说，收集并分析有价值的数据非常必要，这是工业 4.0 的强大推动力。

将设备、产品、信息等所有可以被数字化的事物连接在一起，共同促进生产的升级及商业模式的创新。在工业 4.0 的背景下，到处都是价值驱动的企业、自动化生产的企业、数据自由流动的企业，这些企业共同构成了智能制造的宏伟蓝图。

1.1.3 网络层："云计算+物联网+大数据"分析生产

对于普通民众来说，"工业 4.0"是比较新鲜的词，平时很少能接触到，但它真的高不可攀、不可捉摸吗？当然不是。从网络层来说，工业 4.0 可以归结为三项技术——云计算、物联网、大数据，这三项技术推动着智能生产的实现。

1．云计算

顾名思义，物理意义上的云，漂浮在空中，随处可见。同理，云计算是一种新型储存技术，它克服了传统硬盘储存的缺陷，让人们能随时随地查看和使用数据。

另外，传统制造企业对计算的需求巨大，但每个工厂配备的服务器计算效率并不高，很难满足企业的需求。通过云计算，这样的情况得到有效改善，工厂可以在世界各地远程调用服务器，不仅比之前更加省时、省力，成本也降低了不少。

与传统制造企业不同，智能制造企业需要对大量的生产数据进行采集和分析，这时，就必须利用云计算来管理和控制工厂的设备。这里所说的设备不仅包括高性能的服务器和存储器，还包括方便携带的终端，以便完成远程操作。

2. 物联网

如果把云计算比喻为大脑，那么物联网就相当于神经中枢，可以将一切连接在一起。物联网有几大技术：传感器、无线射频识别、嵌入式系统等。这些技术不仅可以实现对生产的自动定位、跟踪、监控，还有利于数字化车间、智能化工厂的打造。

传统制造企业在生产产品时，只能凭经验判断设备的运行情况，并且只有当设备完全损坏以后，才会找专门的人去维修或者更换。久而久之，这会造成非常严重的经济损失，也容易导致意外事情的发生。

如今，物联网部署的自动化设备，使高效生产成为可能。此外，物联网可以通过传感器收集的数据对设备进行预测性维护，从而规避不必要的风险。

3. 大数据

在技术当道的时代，大数据已经渗透到生产过程中，例如，企业会采集大量与用户相关的数据，并在此基础上分析用户的喜好和需求，然后进行产品的设计。通过这种方法设计出来的产品更受用户欢迎，既节省成本，又不需要走太多弯路。

云计算、物联网、大数据等技术可以实时串联和传输数据、明确产品故障、控制生产过程，最终实现真正意义上的智能化和自动化。将技术落到实处，推动传统制造企业的转型，以及智能制造企业的升级，是必须要做的事情。

1.1.4 感知层：借机器视觉收集生产数据

说到工业 4.0，就不能不提到机器视觉，该技术有多种功能，如图像采集、高速相机、镜头等。如今，机器视觉已经走向产品化、实用化，并在信息化时代发挥着极为重要的作用，这一点在人工智能出现以后表现得尤为明显。

据智研咨询发布的《2019-2025 年中国机器视觉系统行业市场供需预测及投

资战略研究报告》显示，中国机器视觉市场规模在 2018 年第一次超过 100 亿元，预计到 2023 年，中国机器视觉市场规模将增长近一倍。由此可见，机器视觉迎来了发展的黄金期，每一家企业、每一个工厂都应该尽快引进。

机器视觉会通过相关设备对人类的眼睛进行模拟，从各种各样的图像中提取信息加以分析和理解，最终用于检测和控制等领域。未来，万物互连和智能制造是否能实现，关键就在于机器视觉能否真正落地。作为一个集成式前沿技术，机器视觉涉及模式识别、人工智能、图像处理、神经生物等多个学科，可以对生产造成极大影响。

机器视觉具备很强的感知能力，这也是智能化与自动化的最大区别。与人类相同，机器视觉可以接受大量的信息，融入此技术的设备相当于拥有了一双"3D眼睛"。借助蓝光投影扫描成像技术，这双"3D 眼睛"每秒钟可以拍摄 30 张图片，而且像素非常高（在 2 900 万像素左右）。通过拍摄的图片，机器视觉可以给零件建立坐标，然后分辨出哪个零件在上面、哪个零件在下面，这大大提升了生产的效率。

另外，机器视觉还可以为生产带来便利，例如，通过定位引导机械手臂准确抓取、判断产品有没有质量问题、检测人眼无法检测的高精密度产品、对数据进行采集和追溯。可以说，在生产过程中，机器视觉是可以收集最多有效信息的技术。

现在，中国机器视觉市场的发展速度非常快，仅仅落后于美国和日本，在这种情况下，机器视觉厂商会推出更加优质的产品，企业和工厂也可以享受更加高级的技术。此外，机器视觉的成本在不断降低，高效的算法、科学合理的方案、强大的硬件都会出现，这会推动传统制造业企业的转型，促进智能制造的实现。

1.2 AI 时代，智能制造大势所趋

德国提出工业 4.0 战略，美国发展工业互联网，日本描绘智能社会 5.0 蓝图，中国鼓励传统制造转型升级，都是在促进智能制造的实现，试图向全新模式迈进。

可见，智能制造已经是大势所趋，这不仅是各个国家的目标，也是 AI 时代的必然结果。利用自动化手段生产市场所需产品、在满足用户需求的同时将生产效率提升到最高、节约劳动力成本、促进人机协作，都是智能制造带来的新变化。

1.2.1 数字化工厂：提升产量，节约劳动力成本

建立数字化工厂成为了如今很多企业发展智能制造的手段。数字化工厂从定义上来讲，是由数字化模型、方法和工具构成的综合网络，可以通过可视化、智能化的管理提升生产效率和产品质量。

这三个环节覆盖了数字化建模、虚拟仿真、VR（虚拟现实）、AR（增强现实）等技术。

在设计环节中，应用数字化建模为产品构建三维模型，可以降低人力、物力等方面的损耗。与此同时，产品的所有信息都会展现在三维模型上，并伴随整个生命周期，这是实现产品协同设计和生产的重要保障。

在规划环节中，虚拟仿真可以帮助企业布局生产线、安排设备、明确制造路径、调整和优化运行系统。如知名汽车制造企业大众旗下的斯柯达捷克工厂，就引进了虚拟仿真这项技术，以降低和改进生产线需要花费的成本。此外，随着 VR、AR 与虚拟仿真的进一步融合，数字化工厂的生产规划甚至增添了真实感和科技感。

在执行环节，因制造执行系统与其他系统相连，所以所有产品信息可以始终

保持同步，并及时更新。例如，假设某产品的原材料发生变化，那制造执行系统与其他系统中的产品信息会同步变化，制造执行系统也会自动实施解决方案。这样可以减少误工带来的损失。此外，借助无线射频识别，制造执行系统还可以识别生产线上的产品零件，从而实现智能化的混线生产。

基于上述优势，数字化工厂现在已经遍地开花，其中比较典型的是三星。在三星数字工厂中，物联网、VR、AR、大数据、人工智能等技术发挥了重要作用。

在大数据方面，三星整理了所有与生产相关的数据，找到 2 000 个因子，并将其分成三类：产品特性、过程参数、影像。以影像数据来说，三星将用于电影、游戏等商业性娱乐产业中的 VR、AR 应用到实际生产中，解决了不同地区之间进行实时远程协同配合的需求。

在人工智能方面，三星不仅对生产过程及产品进行百分之百的自动检测，还通过人工智能设备判断产品的质量。以卷绕工序为例，三星的主要检测项目有材料代码、正/负极、张力、卷绕、尺寸、速度等 159 项，高清摄像可以识别出微米级气泡，进而降低出错率，为用户提供优质的产品。

另外，三星还可以实现自动监控和智能防错，以杜绝人为失误与异常状况的发生。在自动监控方面，三星主要从环境、生产、标准、设备等入手。以环境监控为例，具体包括温度、湿度、压差、洁净度四大工程，其中，温度变化要控制在 ±2℃左右，湿度则始终保持在 32% 左右。

在三星的数字化工厂中，中央系统会对现场环境进行 24 小时监控，通过探头自动收集数据。当现场环境出现异常变化时，中央系统会发出警报，风机和除湿等设备会在第一时间进行调整，直到恢复正常。

相关数据显示，采用数字化工厂解决方案后，企业能够将布局生产线的时间减少 40%，将返工的现象减少 60%，将生产效率提高 15% 以上，将整体的成本

降低15%，将产品的上市周期缩短30%，这些都可以带动效益的提升。

在智能制造的发展之路上，时间、效率、损失无疑是三大绊脚石，数字化工厂除了以其快速、自动、智能等特点为制造企业做出贡献，还帮助制造企业实现各个环节的互连互通，为打破信息孤岛、走向科技化奠定了坚实基础。

1.2.2 工业物联网：云计算+大数据，辅助管理决策

全球经济竞争从未停下脚步，如今制造业已成为了各国新的竞争重点。随着技术的发展，中国的制造企业正面临着诸多挑战。从内部来看，生产成本增加、研发资金不足、管理体系陈旧等都是当下的重点问题；从外部来看，消费的主导权在用户手里，企业的竞争压力越来越大。

如今，大数据、云计算、3D打印、机器人等技术正在冲击着整个制造业，智能化生产、智能化管理已经成为了制造业发展的大趋势。对于传统制造企业而言，技术变革虽然非常困难，但形成一个新的管理模式更加困难。智能制造时代，企业的管理模式必须改革升级，否则就会对未来的发展产生重大不利影响。

随着工业物联网的发展，管理模式逐渐以云计算、大数据等技术为基础，其特点是权力绝对分散，能快速决策，各方资源完全打通，最终实现效率的提升。事实上，这样的管理模式，关键并不在于企业拥有多少优质的数据和多么精巧的算法，而在于企业能否重视并形成"以数据为核心进行决策"的企业文化。

工业物联网开放性平台正在不断发展，获取数据的渠道也越来越多，但如果企业不重视数据，那么大数据所带来的变革也与企业无缘。因此，工业物联网背景下的管理模式要求企业重视数据及技术的升级。

在生产和管理方面，工业物联网确实有很多优势，但企业也要避免过于依赖这项技术。对于企业来说，考虑到各个决策对于数据的需求，把数据快速分配到

不同的部门，建立起一个灵活的组织架构，从而促进不同部门之间的合作和协调，才是正确、合理的做法。

在中国，很多发展较快的云服务商早就开始与制造企业深度合作，例如，阿里云和中策橡胶、徐工集团、比亚迪等国内知名制造企业都有合作；网易云和吉利合作，实现了柔性制造，缩短了产品上市周期。

除此以外，腾讯也和三一重工合作，共同搭建了一个工业物联网平台。那么，它们具体是怎么合作的呢？

首先，三一重工与腾讯的云计算相结合，把全球的 30 万台设备全部接入工业物联网平台，实时采集运行参数。

其次，云计算和大数据可以实现对工业物联网平台运行设备的远程管理，这不仅实现了实时故障维修，还极大地减轻了库存压力。

最后，三一重工从过去的传统制造企业转变成服务型制造企业，在 AI 时代，这样的做法符合发展潮流，有利于推进商业模式和管理模式的进步。

知名日用消费品企业宝洁也是运用工业物联网的代表性案例。对于宝洁而言，工业物联网已经不是一种简单的技术，而是已经成为新型的管理文化，即"Data based decision making（基于数据的决策）"。通过工业物联网，宝洁获得了很多数据，并在这些数据的基础上建立了一套完整的管理模式，改善了决策不合理的现象。

工业物联网是一剂猛药，可以对制造业和制造企业的生产模式、管理模式、销售模式产生巨大的冲击。在这种情况下，制造企业会积极引入更加科学的工具，不断进行技术创新、模式创新和组织方式创新，最终逐渐形成智能制造的雏形。

1.2.3 AI 发展促进人机协作

麻省理工学院计算机科学和 AI 实验室主任丹妮拉·鲁斯认为,当下科学探索的主题应该是人与机器合作的方法,而不是机器取代人工的恐慌。在他看来,人和机器不应该成为竞争对手,而应该是合作伙伴。

MIT 曾做过一项研究,结果显示,如果人和机器一起工作,效率可以提高。因此,未来几年,技术专家、制造企业最关心的问题应该是:"机器如何和人一起工作,实现人机协作的目标?"

众所周知,制造业的生产过程十分复杂,一件产品由数十种甚至数百万种原料构成。不同企业生产同一个产品,会使用不同的生产工艺,投入不同的设备和资源,这就给供应链上下游的数字化连接带来重重阻碍。AI 有助于增强工人在制造业上的能力,机器和智能软件则可以在定制与生产产品方面发挥非常大的作用。

以雷柏为例,AI 为雷柏带去了自动化,自动化又为雷柏带去了"福利",而这里所说的福利则是指,单位时间内用更少的工人生产更多的产品。对此,雷柏工厂以前 8 个工人一天只能生产 2 500 根鼠标线,现在 4 个工人一天就能生产 3 000 根鼠标线。

而且,随着我国老龄化的不断加剧,人口红利正在消失,工人短缺和劳动力成本提高的问题逐渐浮现出来,加之有的制造企业希望尽快完成转型和升级,这些都促使劳动密集型的传统制造业向智能化转变。

自从引入机器以后,用工紧张问题就比之前缓解了很多,与此同时,生产过度依赖工人的状况也有了很大改善,这两点在长三角、珠三角地区体现得尤为明显。另外,一些专家表示,机器参与生产以后,工人就不需要去做那些重复、危险、简单、烦琐的工作,所以,所需工人数量就会大幅减少,但对工人素质的要求有了很大提高。

由此可见，虽然机器已经包揽了很多工作，但并不意味着工人就可以被完全取代。事实上，在很多时候，一些事情必须通过人机协作才可以顺利完成。例如，用机器将产品装配好以后，还需要工人来完成极为重要的检验工作，而且还需要为每个生产线配备负责操控和维护机器的组长，如图1-2所示。

图1-2　组长在维护机器

机器替代人工并不是简单的替换，而是寻找机器与人工的平衡。确实，自从"机器换人"以后，雷柏的工人结构就发生了很大转变，由产业工人占比大的金字塔结构转变为了技术工人占比大的倒梯形结构。

实际上，在描述AI带来的新趋势时，与其使用邓邱伟所说的"机器换人"，还不如使用"人机协作"或"人机配合"，毕竟在短期内，机器还不会完全取代工人。而且，与机器相比，工人在某些方面有着不可比拟的优势。

从目前的情况看，机器似乎只能完成一些简单、重体力、重复的流水线工作，而如果面对高精度、细致、复杂的工作，则显得无能为力。在此之前，很多制造企业都引入大量的机器生产产品，其结果好像并不都是那么尽善尽美。

必须承认，现在的机器还只能完成前端的基础性工作，而那些细致、复杂、高精度的后端工作则需要工人来完成。例如，在上螺丝的时候，机器就无法做到高精准度，因此只能交给工人。这也就表示，即使 AI 时代已经到来，机器生产也有了很大发展，工人还是有生存机会，而其中的关键就是专注精细化生产，提高完成后端工作的能力。

将机器应用于制造业，是为了让其代替人工的重复性劳动，提高生产效率。因此，智能制造的"自动化"本质其实是人机协作，工人负责制定目标，机器负责重复性劳动，最终改变生产流程，实现制造业的转型升级。

可以预见的是，AI 一定会改变制造业的生产流程和生产模式，至于如何改变以及用什么样的方式改变，现在还是一个未知数。不过，可以肯定的是，在这个过程中，无论是企业还是工人，都需要面对各种各样的困难，所以必须要做好充分的准备。

1.2.4 高认可度与前景

随着社会信息化的加剧，传统制造企业对新技术的需求更加迫切。智能制造时代，设计、生产、销售、商业模式等都发生了巨大变革，创新已经成为推动企业发展的主要动力。

如今，智能制造已经成为新的社会课题，为了应对这个社会课题，世界各主要国家都在摩拳擦掌，制定相应的战略，具体如表 1-1 所示。

表 1-1　世界各主要国家的智能制造战略

国　　家	智能制造战略
美国	执行新技术政策，大力支持关键重大技术，包括信息技术和新的制造工艺，智能制造自然包括在其中；美国政府希望借此改造传统制造业，并启动新制造业
加拿大	加拿大政府认为知识密集型产业是驱动全球经济和加拿大经济发展的基础；认为发展和应用智能系统非常重要，并将具体研究项目选择为智能计算机、传感器、机器人控制、自动化装置等
日本	提出智能制造系统，启动先进制造国际合作研究项目，包括企业集成和全球制造、制造知识体系、分布智能系统控制、分布智能系统技术等
英国	推进服务+再制造（以生产为中心的价值链）；致力于更快速、更敏锐地响应用户需求；把握新的市场机遇，坚持可持续发展，加大力度培养高素质人才
德国	建设一个网络——信息物理系统网络；研究两大主题——智能工厂和智能生产；实现三项集成——横向集成、纵向集成、端对端集成；实施八项保障计划
法国	解决能源、数字革命和经济生活三大问题，确定 34 个优先发展的工业项目；通过信息网络与物理生产系统来改变当前的工业生产和服务
中国	紧密围绕重点制造领域关键环节，开展新一代信息技术与制造装备融合的集成创新和过程应用；依托优势企业，紧扣关键工序智能化、关键岗位机器人替代、生产过程智能化、供应链优化，建设重点领域智能工厂/数字化车间

通过表 1-1 不难看出，世界各主要国家都在极力推动智能制造的发展，一方面是因为在 AI 时代，智能制造才顺应潮流；另一方面是因为，智能制造可以实现全球影响力和市场竞争力的提升。可以说，智能制造已经是大势所趋，未来前景非常广阔。

智能制造在中国及全球范围内快速发展，足以体现其极高的认可度。与此同时，智能制造的前景也非常值得分析，具体如下。

（1）建模与仿真技术是智能制造常用的工具。建模技术贯穿于从设计、生产到服务整个产品生命周期；仿真技术则为制造系统的智能化和自动化提供动力。

（2）机器人和柔性化生产是智能制造关注的重点。机器人可以解决工人短缺和人力成本上涨的问题，也可以提高产品的质量和作业安全，是市场竞争的有力武器。在工厂和车间中，机器人的应用越来越广泛，工人比之前更加轻松。

（3）物联网在智能制造中发挥日益突出的作用。借助物联网，制造企业可以对产品的整个生产过程进行感知、决策、控制、执行和管理，并实现人、机、物、信息的集成与共享。

（4）重点关注供应链管理。供应链管理是一个动态的过程，将其与前沿技术结合在一起，可以使数据得到可视化的展现及移动化的访问。通过供应链管理，制造企业可以更好地满足用户需求，用户拿到产品的时间也大大缩短，提高了各个环节的协同效率。

（5）3D 打印技术推动智能制造迅速发展。3D 打印技术以数字模型为核心，不需要外在的机械加工，直接就可以从数据库中生成各种物体。对于制造企业来说，3D 打印技术有利于缩短设计周期，实现个性化生产。

如今，中国的制造业还处于发展不平衡的阶段，存在很多问题，例如，解决方案供给能力不足、缺少国际性的制造企业、智能制造人才匮乏等。"十三五"规划的不断深化，再加上 5G 的迅速发展，制造企业迎来新的春天，进入提质增效、由大变强的关键时期，因此，瞄准智能制造，实现信息化与工业化的结合，是当下的重要任务。

第**2**章

变革竞赛：谁走在了智能制造的前端

智能制造为自动化行业带来了一片新蓝海。随着它的到来，全球制造业掀起了一股新的发展浪潮，谁都想在此大好机会面前成为下一个王者。作为工业大国的德国、美国、日本和中国，为了争夺这片新蓝海，也都摩拳擦掌、马不停蹄地展开一场新的竞赛。

2.1 德国：率先提出工业 4.0

德国人工智能研究中心董事沃尔夫冈·瓦尔斯特尔提出工业 4.0 概念。工业 4.0 是以互联网为媒介发展的第四次工业革命，是十大未来项目之一。

可见，制造业的变革已经被纳入德国的国家战略。联邦政府甚至还专门为此投入了 2 亿欧元，支持制造业的技术研发与创新，以此巩固德国在关键技术上的国际领先地位，增强德国制造强国的核心竞争力。

2.1.1 制造业先进，利润却不太可观

近几年，科技业喊得热火朝天，也赚得盆满钵溢，相比来说，制造业显得不是特别景气。拥有先进制造业的德国，虽然在稳定而专注地坚持自己的目标，却没有收获巨额利润。而且，因为制造业正在发生技术革命，包括谷歌、苹果、亚马逊在内的众多科技企业"正在袭击德国"。下面以谷歌为例进行说明。

2014年1月，谷歌以32亿美元收购智能家居设备制造商Nest，摇身变成德国制造业的竞争者；2016年，谷歌开始研究无人驾驶汽车，与德国知名汽车企业戴姆勒和宝马成为同行；2019年，谷歌又在新技术上发力，冲击着德国的很多制造企业。

当然，德国早就已经意识到了制造业存在的弱势和危机，这一点从其提出"工业4.0"就可以看出。但很多德国中小企业主还没有意识到仅生产智能产品是不够的，提供智能化服务才是重点。这一说法非常准确，德国如果再不依靠技术做转型升级，很可能会沦为其他国家的供应商和附属者。

现在还有很多制造企业在抱怨，技术给制造业带来了颠覆性或者毁灭性的冲击。其实不然，技术给制造业带来的只有好处，没有冲击。为什么这么说呢？下面就介绍一下技术能给制造业带来的好处，具体如图2-1所示。

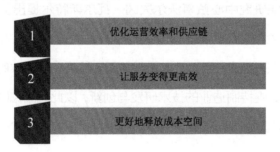

1	优化运营效率和供应链
2	让服务变得更高效
3	更好地释放成本空间

图2-1　技术给制造业带来的好处

1. 优化运营效率和供应链

现在已经进入大数据时代，利用生产过程中的数据可以有效转变制造业的内部管理方式，这种转变主要表现在以下5个方面。

（1）加速产品创新。

企业可以挖掘和分析市场预测、销售情况、市场信息、展会、新闻、竞争对手现状，甚至天气预报等动态数据，这些数据会为产品的需求分析和研发设计做出贡献。

（2）有效实现故障诊断和预测。

利用传感器产生的数据及互联网实时诊断产品哪里出了故障，出了什么样的故障，需要哪些零件等。不仅如此，企业还可以预测何时、何处需要何种零件。

（3）优化工业供应链。

技术是工具，而不是产品。用技术将传感器安装在机器上，以此来分析整个生产过程，了解每个环节的执行情况。一旦某个环节偏离了标准，传感器就会立刻报警，帮助工人快速地发现错误所在，从而在问题扩大之前解决掉它。而且，大数据还能建立产品生产的虚拟化模型，用以优化生产过程。

（4）产品销售预测与需求管理。

销售数据、传感器数据和供应商数据，这三部分数据的结合可以帮助企业准确预测全球不同地区的产品需求。

（5）产品的质量管理与分析。

大数据质量管理分析平台可以帮助企业快速得到一个生产过程能力分析报表，另外，还能使企业从数据集合中得到很多崭新的分析结果。

2. 让服务变得更高效

过去的服务流程是：用户打电话反应问题，售后点处理，售后点把问题通知

总部，总部派人来处理。而现在可以通过互联网提供服务，总部在网上可以看到分布在各地的用户的使用状况。通过分析，企业还可以为用户提供建议。例如，空调可不可能存在预期的问题，会不会出现故障，应该什么时候用什么方式去保养等。

3. 更好地释放成本空间

从企业自身来说，技术的运用可以更好地释放成本空间。例如，传感器对设备生产过程的监控，便于及时发现能耗的异常，可以达到减少能耗的目的。企业还可以利用大数据提高运营效率、降低成本，创造更好的产品。

对于企业来说，利用技术作为工具，很多工作都可以交给机器或智能设备去完成，完全不需要人工参与，这样可以大大减少人力和物力。在德国，技术已经充分融入制造业中，给一些制造企业带去了很多积极向上的东西。

2.1.2 依托制造业攻占各项技术

在其他国家来势汹汹的情况下，德国通过"工业 4.0"战略能抵抗住 AI 时代的"侵袭"吗？大家正拭目以待。不过，笔者相信德国能攻占各项技术，因为它本身在制造业方面就有很大的优势，这些优势能让德国更好地应对"侵袭"。

早前，英国、西班牙、爱尔兰等国家因金融行业的发达闻名于全球，而德国却因"跟不上新时代"被讽刺为"古板的阿伯"。但当金融危机席卷全球后，只有德国率先重整旗鼓，一跃成为全球经济的"火车头"。

德国制造业有很多值得其他国家学习的地方，即在生产中注重产品的创新和高附加值。不过在新时代下，制造业除了要依靠创新和高附加值生存，还要利用技术的优势，充分实现自身的智能化。

工业 4.0 将成为未来的发展方向，但在制造业方面具有很强优势的德国，在科技业方面似乎并没有什么大的建树。未来，如果德国还没有应对这一缺陷的措施，其工业领先地位可能会不保。

目前，不仅是德国，任何国家都要着手研究技术与制造业的结合，掌握实际经验，这样才能占据工业 4.0 的先机。德国自从提出工业 4.0 的概念以后，便开始在"技术+制造业"上下功夫，并将其从愿景变为现实，向世界展现了生产的智能、灵活与高效。

如今，以技术为核心的智能工厂在德国遍地都是，这些智能工厂不仅效率高，还可以实现整个产品价值链的高效融合，这其中涉及原料、制造、销售、物流等多个环节。技术应该在全球范围、生产过程中应用，但要达成这样的目标，还有很多问题需要解决。

为了巩固制造业强国的地位，德国政府在研发、安全、人才、法律等领域的付出了很多努力。但不得不说，德国的工业 4.0 还未形成统一的标准，各大企业使用的互连方式、接口、数据格式等都不尽相同。

此外，数据管理也是工业 4.0 面临的困境之一，"自动化＋智能化"产生的数据归谁所有？数据使用、传输的过程中安全如何保障？这些都是德国政府和企业需要解决的问题。

对于德国来说，第四次工业革命的核心在于形成用户、机器、智能设备的网络，使三者实现互连互通，进而让生产更加智能化和自动化。

工业 4.0 使大规模生产和个性化定制之间不再对立，一条生产线，可以根据不同的加工要求，生产出不同的产品。

德国企图凭借其强大的制造业实力来超越以美国为首的科技巨头，尽管这一切看起来很困难，但是德国已经在行动，并取得了一定成果。政府将精力投入到

"完美"上，企业依托先进的制造业攻占各项技术，德国将成为世界上其他国家的劲敌。

2.1.3 可以自动更新的设备

雷蒙哥位于德国北部，是弗劳恩霍夫研究院的工业自动化应用中心。弗劳恩霍夫研究院的工业自动化应用中心主要职能是为企业提供开展工业 4.0 计划的技术支持。中心负责人尤尔根·雅思博奈特说："传统工业条件下，工厂需要数天才能更换一台流水设备，但现在我们只需要几分钟"。

以往更换设备，都需要技术人员手动将新零件更换入工作环境，再调整生产线上的控制装置，这远远不能满足工业 4.0 高效生产的需求。因为工业 4.0 需要速度快、无差错的生产线，而实现这一目标的难点就是如何形成统一的技术生产标准。

技术人员使用"即插即生产"的指标指定设备和系统的顺畅配置。简单来说，像使用 USB 接口那样让工作变得简单和轻松。同时，设备的自我更新所依靠的也是标准化模板，所以如果设备能够实现自我更新，那就需要有专门的工具"告诉"设备应该按照何种标准、何种步骤、何种周期来更新。

工业 4.0 的生产是统一有序的，零件会自动与工作环境相连，并整合到现有的控制系统中，这就是设备实现自我更新的原理。

2.2 美国：点燃智能制造的火焰

如果说德国的制造业吹响了工业 4.0 的战斗号角，美国的科技业则点燃了智能制造的熊熊火焰。德国的制造业和美国的科技业代表了两种不同的竞争形态。

前者是自下而上的驱动者，后者是自上而下的连通者。

在金融危机之前，美国依靠虚拟经济大行其道，以制造业为主的实体经济似乎失去国际资本的热切关注，而在金融危机之后，美国开始重新审视自己的经济战略。事实证明，仅依靠虚拟经济的国家，经济链条往往非常脆弱。

因此，美国转而以强大的技术优势向制造业发起进攻，试图成为一个自上而下的连通者，即通过技术向下传导，带动自身制造业发展。这样的策略成为美国对抗德国的一个有力武器，并且在某些方面已经起到作用。

例如，德国戴姆勒研发的车载智能娱乐系统，始终要依靠苹果的 Siri 语音功能。而谷歌开发全新的无人驾驶汽车，瞬间就与德国戴姆勒、宝马成为同行竞争者。

这些事例表明，美国依靠自身强大的技术优势已经开始与德国展开激烈竞争，并且，这种竞争很可能让德国沦为其供应商和附属者。

2.2.1 制造业外流引发诸多困扰

苹果的供应商遍布全球，其中，亚洲部分主要是中国、日本和印度等国家。在过去，美国众多大型企业将自己的供应链放在发展中国家，其目的主要是利用发展中国家的廉价劳动力和优惠政策赚取高额回报。同时，这种做法也将高污染行业转移到发展中国家。

看起来，美国既得到了高额回报，又不会污染环境。但随着金融危机的爆发，这种制造业外流也给美国带来了困扰，具体如图 2-2 所示。

1. 失业率增加

由于制造业外流，美国的制造业就业岗位减少，失业率不断增加，进而造成美国贫困家庭比重增加，影响美国中产阶级的生活质量，最终导致社会有效需求下降。

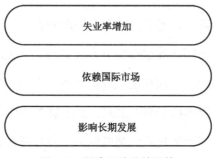

图 2-2　制造业外流的困扰

2．依赖国际市场

制造业中的低端市场虽然利润稀薄，但体量巨大。制造业外流造成美国增加对国际市场的依赖度，一旦国际市场发生波动，会直接影响美国的制造业和其他附属行业。

3．影响长期发展

美国制造业的大量外流，从根本上来说，不利于其长远发展。因为如果本国的制造业不景气，会直接影响国民经济的发展速度和质量。制造业就像一座房子的钢筋，当金融风暴来袭时，如果没有强有力的地基支撑，国民经济就会摇摇欲坠。

以上三点简要概述了美国制造业外流的不利影响，同时，美国制造业的停滞也动摇其技术根本。工业 3.0 时代，互联网是支撑美国经济发展的重要动力，其所拥有的一大批科技巨头就是最好的佐证，如微软、谷歌、亚马逊等。但在制造业外流的影响下，美国本土的制造业劳动力转移，科技企业不得不在海外寻找合适的市场。

众所周知，科技企业的成长离不开市场的强劲需求，本国的社会有效需求下降，势必会影响科技企业的发展战略。总体来说，制造业和科技业处在相互影响的动态环境中，一方停滞，另一方必然受到影响。基于这些因素，美国不得不开启"再工业化"战略，事实也证明，美国之前的"去工业化"道路已经不适合当下的时代潮流。

2.2.2 通用电气如何攻占制造业市场

通用电气（General Electric，GE）是自动化领域的绝对王者，也是全球知名的老牌科技企业，其历史可追溯至工业 2.0 时期。2012 年，通用电气就提出"工业互联网"的概念，这是"互联网+"时代的新型科技战略，也是美国意欲重塑自身在制造业的权威领导形象的缩影。

通用电气董事长兼 CEO 杰夫·伊梅尔特（Jeff Immelt）表示：互联网+'时代，制造业企业必须在技术上做出努力，才能改变发展方向。

杰夫·伊梅尔特此番言论说明，通用电气在"互联网+"的大环境下，要创造属于自己的工业 4.0 版图，这样才能真正攻占制造业。同时，在本质上，制造业也需要依靠技术打造互联网帝国。在攻占制造业的道路上，通用电气始终坚持5 个方面，如图 2-3 所示。

互联网的基础引导作用

配备传感器的智能设备

大数据分析

数据分析提取能力

专业人才做专业的事

图 2-3　通用电气攻占制造业的 5 个方面

以上 5 个方面从战略政策落地再到数据梳理和人才管理，全方位地展示了通用电气攻占制造业的思维和理念。此外，通用电气公布的《工业互联网：打破智慧与机器的边界》白皮书中提到，工业互联网的实施哪怕仅带来 1% 的提升，其成果也将是巨大的。

例如，在航空方面，节约 1% 的燃料意味着节省 300 亿美元；在电力方面，节约 1% 的燃料意味着节省 600 亿美元；在医疗方面，系统效率提高 1% 就意味着节省 630 亿美元；在石油天然气方面，资本支出降低 1% 就意味着资本节省 270 亿美元。

这些 1% 的背后都是通用电气为之努力的具体方面，也是美国打造制造业巨头的突破方向。因为，工业互联网的 1% 很可能是美国制造业实现智能、自动化的关键部分。美国的工业互联网既有助于企业持续健康发展，又有利于完成高效生产的长期目标。

2.2.3　Google 频繁收购制造业的原因

谷歌一改以往重点收购信息技术和服务开发企业的路线，收购了多家机器人企业。例如，谷歌企业收购的美国波士顿动力企业就是一家著名的机器人企业，一直致力于研究人工智能仿真机器人，其产品特点是能动性强、灵活度高和移动速度快。

谷歌作为美国市值最高的企业之一，其战略走向和最新动态是科技业的风向标。另外，谷歌并购策略大转折的背后也同样具有深刻意义。总体来说，谷歌将并购重点放在机器人企业有三大原因，如图 2-4 所示。

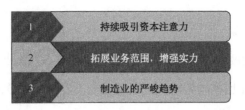

图2-4　谷歌收购机器人企业的三大原因

1. 持续吸引资本注意力

一个企业之所以能够吸引资本为其融资，最根本原因在于该企业可以创造商业价值，产生经济利益。谷歌持续收购各大机器人企业，可以使自身掌握改变未来的先进技术，开发符合未来市场的新产品，进而获得各大财团和资本的青睐。

2. 拓展业务范围，增强实力

谷歌本身具有很强的科技实力，其产品覆盖软硬件技术、人工智能等领域，涉及信息技术与物理世界的多个范畴。谷歌收购机器人企业可以进一步增强科技实力，打造一个全方位的"智能化的生活网络"，该网络涵盖人工智能、无人驾驶汽车、智能家居、先进制造业等。

3. 制造业的严峻趋势

谷歌在制造业面临严峻挑战，除德国强大的制造企业外，美国本土的制造巨头也不能忽视，例如前面提到的通用电气等。谷歌将重点放在机器人领域的原因之一，是智能机器人是未来技术和制造业融合产物，有助于谷歌发挥自身科技优势，实现智能制造的宏伟目标。

谷歌注重收购机器人企业对制造业本身也有一定影响。

首先，加速研发新型智能机器人。谷歌可以凭借自身强大的信息网络和数据分析技术，为智能机器人提供广阔的发展空间。未来，谷歌致力于研发新型智能机器人的战略变革，可以加速智能机器人在深度学习能力、人机交互和独立思考

方面有新的突破成果。

其次，加快制造业智能化进程。AI时代，技术在制造业中会发挥重要作用。而目前，传统制造业也在向智能化、自动化方向发展。谷歌已经与富士康在机器人方面展开合作，未来，智能机器人全面占领制造业生产线成为可能。

最后，信息服务企业或将主导制造业。谷歌在机器人方面的收购策略显示了其欲在制造业大显身手的意图。如今，信息服务企业不仅可以为制造业提供一整套的技术服务和解决方案，还更容易在实体类企业的产品生命周期中获得商业利益。

所以，谷歌频繁收购制造业的背后有着不同寻常的意义和内涵，中国的科技企业和制造企业可以借此分析自身的优势，吸取经验，加速成长。

2.3 日本：以人工智能为核心

在制造业方面，德国强调的是"硬制造"；美国侧重的是"软服务"；而日本则着重突出"人工智能"。日本作为人工智能的领先者，拥有众多的人工智能产品，例如，生产线上的机器人、3D打印及陪伴型情感机器人等。

2.3.1 人口老龄化带动机器人"就业"

日本是世界人口老龄化严重的国家之一，这个问题使日本日益减少的劳动力向护理业转移，加剧了制造业的人力危机，也阻碍了国民经济的持续增长。因此，机器人代替工人成为日本应对日益严峻的人口问题的重要突破口。

日本在机器人研究和应用方面一直处于全球领先地位，日本企业使用机器人的数量居世界首位。机器人"解放"了劳动力，特别是服务业，如工厂、酒店、紧急救援等。日本的机器人被应用的领域如图 2-5 所示。

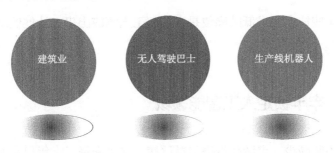

图 2-5 日本机器人的应用领域

1. 建筑业

日本无人机供应商 Terra Drone 与建筑设备生产商日立建立合作，将无人机技术应用在建筑工地上，为用户提供全自动无人机土地测绘和分析服务。

2. 无人驾驶巴士

在日本，无人驾驶巴士作为代步工具出现，由日本企业 DeNA 和法国企业 EasyMile 合作研发。通常，一辆小型的无人驾驶巴士能以每小时 30 千米的速度行进，最多可搭载 12 名乘客。按照计划，无人驾驶巴士会出现在更多的公共场所，包括工厂、大学校园及商场等。

3. 生产线机器人

在日本的工厂中，机器人代替工人的场景并不罕见。利用机器人在生产线上高效准确的工作，以此来缓解日本日益紧张的劳动力问题。

随着日本人口老龄化现状的不断加剧，机器人代替工人成为主流趋势。机器人由以往的生产型更多地投射到服务业。未来，日本的机器人会广泛地应用于更多的行业，为更多的人服务。同时，日本之所以广泛应用机器人，是因为其特殊的国情。

中国企业可以借鉴其有利方面，但也要警惕其不良影响。例如，机器人的应用可能会给工人带来某种懈怠心理，认为机器人可以做任何事情。实际上，机器人被应用在某些技术要求低的岗位是为了将工人解放出来，让他们从事更多有趣和有效的工作。

2.3.2 牢牢锁定人工智能领域

劳动力不断减少，老龄化现象日益严峻，这是未来二十年日本不可避免的基本国情。在国际竞争方面，德国、美国及中国等都在积极发展以智能制造为核心的一系列相关技术，包括大数据、物联网、人工智能等。

客观来看，德国的硬件居世界首位，美国则占据技术霸主地位，中国是后起之秀，有着强劲的发展势头。而日本在软硬件上均没有德、美那样的出色表现，当然也不希望被中国赶超。所以，日本牢牢锁定人工智能，同时，日本的科技企业在人工智能方面，特别是工业机器人领域有众多研究成果。

从技术进步的角度看，工业机器人经历了 3 个阶段，到 21 世纪的今天已经发展到第三阶段，即我们通常所说的具有很强自我学习能力的智能机器人。现在，日本已经发展成为工业机器人制造强国。下面，以日本著名的三大科技企业为例，讲述日本智能机器人的发展现状，如图 2-6 所示。

图 2-6 日本三大科技企业

1. 发那科

日本发那科（Fanuc）是一家研究数控系统的企业，在工业机器人领域有着出色的研究成果和销售业绩。在同行业中，发那科的净利润首屈一指，被称为"日本版的微软"。

发那科的机器人应用于工业部件的关键位置，例如，安装在自动化设备内的"心脏"——计算机数值控制器，就是由发那科生产制造的。而且，应用范围非常广泛，包括发动机、工程机械、金属加工、机床等。可以说，发那科是日本工业机器人的领军品牌，涉及领域广，销售和利润额双高，在全球市场上有着巨大的影响力。

2. 精工爱普生

爱普生一直致力于数码映像领域的产品研发，并推出了一系列小型化的机器人，例如 Scara 机器人，其特点是精度高、速度快，非常适合精密装配工作。此外，精工爱普生还根据工作环境的不同开发出不同型号的 Scara 机器人，主要用于汽车零部件、光伏、食品、医药等行业。如今，Scara 机器人在技术实力、市场服务方面已经处于全球领先地位。

3. 安川电机

安川电机（Yaskawa）是日本著名的传动产品制造商，其开发的 MOTOMAN 系列机器人是全球商用机器人市场的佼佼者。MOTOMAN 系列机器人广泛应用于电弧焊、切割、搬运、喷漆、科研教学等领域。此外，安川电机还推出了洁净机器人和双臂机器人，具有高性能、高精度、高可靠性的优点。

以上三大科技企业是日本的智能机器人在制造业中的突出代表，除此之外，日本的智能机器人还广泛用于商业服务、交通能源等方面。对于日本来说，人工智能是唯一的突破口，也是有可能率先实现智能制造的领域。

2.3.4 护理型机器人进入商业阶段

预计到 2055 年，日本 65 岁以上的老年人将达到总人口的 40%，在这种情况下，日本需要更多的护理人员参与老年人的日常护理工作。而与此对应的是，日本的护理人员数量严重不足。相关数据显示，到 2025 年，日本将有 100 万护理人员缺口。那么，如何缓解如此庞大的供需矛盾呢？答案是护理型机器人。

目前，护理型机器人已经进入规模化的商用阶段，这是政府支持、企业参与和技术进步共同作用的结果，如图 2-7 所示。

图 2-7　护理型机器人在日本发展的 3 个原因

1．政府支持

日本政府非常重视智能机器人领域的技术进步和推广应用，并有专门负责机器人产业的部门——经济产业省。经济产业省曾发布预测称，到 2025 年，日本机器人市场规模将超过 600 亿美元。同时，日本政府制定了护理型机器人行业安全标准，鼓励科研机构、团体或个人从事机器人开发工作，并给予一定的财政补贴。

2．企业参与

在日本，企业对机器人的研究热情非常高，也愿意与政府合作，这不仅有利于加速护理型机器人的研发进程，还可以使政府在财政和资源方面的优势得到充分利用，提高企业积极性。

3．技术进步

日本具有良好的机器人应用基础，同时，随着大数据、情感识别、人工智能等技术的发展，机器人的操作性、易用性都有了很大进步。

在护理型机器人的研究成果方面，日本有关机构研发了外表可爱、动作温柔的机器人——"熊护士"Robear。Robear 的外表酷似电影《超能陆战队》中的大白，体重为 140 公斤，底座小，移动灵巧，非常受欢迎。

Robear 可以帮助行动不便的病人行走、站立，为其提供力量支撑，还可以将病人轻轻抱起或者放下。因为内置电容式触觉感测器，感测器可以将数据传输给制动器，制动器会根据感应情况判断病人身体的力道程度，所以 Robear 的动作非常轻柔。

可爱、温柔的 Robear 在护理方面虽然可以担当部分重任，但在智能方面还有待改善。因为 Robear 还不能完全替代护理人员，需要依靠 Android 平板电脑发出命令信号，然后执行。不过，可以预见的是，Robear 会是一个护理好帮手。

2.4 中国：以新的姿态走向国际

作为制造大国，中国制造业正在蓬勃发展，吸引了众多跨国企业建厂投资。但如今，随着中国劳动力成本的增加，国外企业纷纷将工厂迁回自己国家，或转移到成本更低的其他发展中国家，这在一定程度上造成了工厂外流、经济增速下降的局面。

对此，中国政府制定了实施制造强国战略，为实现我国智能制造的目标奠定了坚实基础。另外，中国企业（如华为、海尔等）也开始以新的姿态走向国际，大大提升了综合竞争力。

2.4.1 制造企业外流影响经济发展

由于近年来中国工人工资逐步升高，在华建厂投资或代工的外国企业纷纷"回巢"。例如，2019 年，美国某大型鞋类制造商就关闭了其在中国内地的一家工厂，并且将部分生产线转移到东南亚。当然，这只是众多"回巢"企业的一个缩影，但背后的原因值得深思。

事实上，更多外国企业正在逐步将设在中国的工厂转移到东南亚或非洲，这种工厂外流不可避免地对中国产生了影响，例如，不同行业增速均有不同程度的回落，用工成本增加，土地和电力等优惠政策缩减等。总而言之，中国制造业正在经历转型升级的阵痛，种种艰难处境倒逼中国制造业开始前所未有的改革。

从企业的角度来看，改变制造业困境要从以下两个方面入手。

一是以"工匠精神"铸造精品。德国制造企业以优质的产品、精湛的技术闻名于世，中国制造企业也要以"工匠精神"打造精品，提高良品率。具有"工匠精神"的工人不是流水线上机械操作的普通工人，而是追求卓越品质的劳动者。

二是提升品牌辨识度。如果一个企业只追求代工生产所创造的有限利润，那这个企业不可能有长远发展。只有打造具有辨识度的产品才能得到用户的认可，提高市场占有率。

中国经济增速下降是现实情况，但不能绝对悲观。在智能制造的大背景下，中国制造企业依然具有广阔的发展空间。很多时候，一个国家的制造技术水平决定着其未来竞争力，大数据、物联网、智能工厂等将成为必然趋势，中国制造业的竞争力不容小觑。

综上所述，虽然中国制造业面临一些问题，但不可否认的是，中国是最可能改变世界格局的跟跑者。随着制造强国战略的实施，中国会涌现出更多优秀的制造品牌。

2.4.2 实施制造强国战略和"一带一路"

中国政府实施制造强国战略，核心是使中国迈入制造强国行列。届时，中国制造业的整体素质及两化（工业化和信息化）能力会有大幅提高。

中国政府面对科技发展的新趋势，积极探寻创新突破口。制造强国战略是以创新驱动发展为基础的，在两化融合中增强中国制造业的综合实力，特别是智能制造部分，即实现制造业的数字化、网络化、智能化。

目前，在中国经济增速放缓，呈现中高速增长的新常态下，以制造业为根本的实体成为增强国家综合竞争力的关键因素。也就是说，制造业的价值和作用被重新审视和定义。

德国的"工业 4.0"战略开启了新的增长模式；美国凭借技术以"再工业化"战略紧随其后；日本以人工智能实践着振兴制造业的目标；而制造强国战略可以看作中国版的工业 4.0 战略，同时还与"一带一路"相配合。

"一带一路"是"丝绸之路经济带"和"21 世纪海上丝绸之路"的简称，也是中国运用多边机制与周边国家进一步开展深度合作的重要举措。

其中，"丝绸之路经济带"是指在古代丝绸之路的范围内形成的中国与西亚各国家之间的经济合作区域。"21 世纪海上丝绸之路"指的是以古代海上丝绸之路为基准，中国与沿线国家进行经济合作的区域范围，其大致走向是中国与东盟开展战略合作，进而带动南亚与中东，辐射非洲、拉美与欧洲地区。

制造强国战略着重智能制造，而"一带一路"是中国与相关国家开展合作的基础。智能制造需要将制造强国战略与"一带一路"无缝对接，实现多边共赢，因为制造强国战略能够为"一带一路"提供基础的智能实体支撑，而"一带一路"

可以为制造强国战略提供广泛而良好的开放性平台，双管齐下，最终才能实现我国创新驱动发展的大目标，加速中国的智能化进程。

(2.4.3) 华为如何布局智能制造生态链

华为是一家专业研发生产通信设备的科技企业，总部位于中国深圳，员工约17万人。

华为也在积极布局自己的智能制造生态链，因为要时刻让自己处于主导地位。华为的智能制造生态链有以下3方面内容，如图2-8所示。

图2-8 华为的智能制造生态链

1. 工匠精神坚守本体

华为总裁任正非认为，企业积极学习经验的同时，要守住自己的本体，以工匠精神执着追求。不急于追求机会主义，在浮躁的社会坚守本位。

2. 重构ICT技术构架

在工业4.0时代，华为的重点是重构ICT技术构架（ICT是信息、通信和技术三个英文单词的词头组合）。为此，华为开启 BDII 行动纲领，旨在以业务驱动创新。这也是华为布局工业 4.0 生态链的重要内容。

3. 智能工厂解决方案

华为以综合运用多种技术为核心，通过无线网络和有线网络相配合的模式构建智能工厂。同时，华为还提供一体化制造云解决方案，用于解决大数据分析问题。

华为在大刀阔斧地布局智能制造生态链，同时，任正非对智能制造的看法非常朴实，认为华为必须踏踏实实地走好每一步。有人将华为与"手机""荣耀"等同，但事实上华为重视的是 ICT、云服务等业务，这些业务是华为实现智能制造的重要步骤。

第2部分
智能制造与工业流程

第**3**章

成功"智造"与典型案例

智能制造的核心是物联网、人工智能、大数据、云计算等技术，就像蒸汽机变革手工业那样，这些技术同样也会改变今天的制造业。对于企业来说，技术是走向智能制造不可逾越的一个关口，在生产过程中扮演的角色越来越重要。

3.1 智能制造离不开三大技术

制造业的转型升级既是中国的机遇也是挑战，产品质量、消费体验和品牌影响力都是需要考虑的因素。现在，智能制造不能只依靠企业的自发和自觉，而是要在技术的指引下形成涵盖研发、设计、生产、流通、交付和售后服务全流程的产业链。

3.1.1 数据采集

很多专家认为，智能制造从数据采集开始。确实，没有数据，如何分析需求；

没有数据，如何有效感知；没有数据，如何科学决策。这就是人们经常所说的"巧妇难为无米之炊"。因此，在智能制造中，数据采集是非常重要的一项技术。

一般来说，数据采集的准确性、完整性，制约着需求、感知、决策的真实性和可靠性。AI 时代，数据采集可以为智能制造带来以下三个优势，如图 3-1 所示。

提升自动化，避免人工作业的低效高耗

实现数据多样化，改善只采集基本数据的现象

扩大数据采集的范围

图 3-1　数据采集为智能制造带来的优势

1. 提升自动化，避免人工作业的低效高耗

在此之前，传统的数据采集方法如人工输入、电话访问、调查问卷等，并不适合 AI 时代。如今，很多工厂都开始引入苹果系统或安卓系统的数据采集软件，这些软件可以采集某些基础数据，如用户偏好、流失比例、消费情况等。此外，在大规模采集数据时，网络爬虫也是一种不错的方法。

2. 实现数据多样化，改变只采集基本数据的现象

AI 时代的数据采集不仅采集基础的结构化交易数据，还会采集一些具有潜在意义的数据，例如，文本或音频类型的反馈数据、周期性数据等。

3. 扩大数据采集的范围

在制造业中，常见的数据采集装置应该是传感器，主要用于自动检测、控制等环节。目前，以传感器为基础的大数据应用尚未成熟，但在未来，随着携带传感器和大数据平台的不断增多，数据采集的范围将会扩大，进而帮助企业生产更受用户欢迎的产品。

可见，为了推动智能制造的发展，无论是数据采集的方法，还是数据采集的数据类型，抑或是数据采集的广泛性，都比之前有了很大提升。当然，对于制造业和制造企业来说，这样的提升非常必要，是实现转型升级的关键。

3.1.2 人机交互

在智能制造的带动下，人机交互的应用潜力正在慢慢展现，如可穿戴式计算机、远程医疗、遥控机器人等。2019 年，人机交互也成为发展智能制造的关键年，主要研究人与机器的协同工作。

通过人机交互，企业可以提升自身的数据采集能力，对整个生产过程进行跟踪和管理，全面控制智能设备的性能与产品的质量，轻松实现人机交互。此外，人机交互还可以加强生产设备、包装设备、仓储拣货设备、运输设备等各类智能设备之间的联系。

人机交互有助于减少企业的人力成本，并在保证各个环节可以快速流转的前提下，进一步提升生产的效率和质量。在无纸化办公方面，人机交互可以监控订

单完成进度，通过机器便可以知道正在生产的产品有多少，等待生产的产品有多少，从而解决出货延迟问题。

由德国推出的 7 轴轻型人机协作机器人 LBRiiwa 将人和机器连接在一起，使二者可以直接合作。LBRiiwa 就好像人的"第三只手"，不需要任何多余的步骤，就可以完成交互工作。不仅如此，德国还研究出了双臂机器人 YuMi，这是人机交互领域的一个重大突破。

如今，人机交互的方式越来越多，之前那些看似无法成真的场景正在一步步变为现实，例如，智能制造、智能家居、3D 打印等。可以说，谁能够尽快实现人机交互，谁就可以在制造业占得一席之地。那何谓人机交互，简单来说，就是让机器取代或者和人一起工作。

我们不妨想象一下：工人对着各种各样的电子屏幕，不需要手写输入，只需要说出想做的事情和想完成的工作，机器就可以在第一时间执行，如图 3-2 所示。

图 3-2　工人对着电子屏幕指导工作

在各种技术层出不穷的当下社会，人和机器的合作会更加密切，人和机器一起工作的机会也越来越多。对于制造业和制造企业来说，这就是便捷化、自动化、智能化的生产，工人的科技感也会在这一过程中被不断地放大。

3.1.3 深度学习与大数据

智能制造通过人与机器的协作，取代人在生产过程中的部分劳动。谈到这一点，现在很多企业已经开始大规模引入机器，减轻工人的负担。不过，随着智能制造的渐趋普及，深度学习和大数据还可以帮助企业提升自动化水平。

1. 深度学习

中国的一位专家曾经做过这样的预测：以深度学习为基础的智能制造将帮助企业实现高效生产。在企业中，智能化的关系可以用"金字塔模型"来表示，从下至上分别是数据化层、信息化层、智能化层、深度学习层，即由浅入深、由基础到应用的逐层升级。

其中，信息化层的基础是可靠并且准确的数据；智能化层的基础是可靠、准确、海量的数据。不仅如此，智能化层还会并行地对不同信息系统进行二次加工，然后做出矩阵式的分析，从而形成智能化的结果。

至于"金字塔模型"顶层的"深度学习"则是以海量数据、大量信息子系统、智能化为基础进行的神经网络式分析计算，可以看作智能化的升级版。

借助深度学习，企业可以更好地控制、调整各项工作。以产品生产工作为例，在产品生产的过程中，深度学习可以把海量数据和各方优秀工程师的经验融合在一起，同时也可以对运行一段时间的动车组或其他产品可能出现的问题进行预测。

可见，对于企业来说，"深度学习"的作用是非常强大的，而这也在一定程度上推动了 AI 的落地应用，从而加速了生产的智能化进程。

2. 大数据

目前，很多工人和企业都已经意识到了大数据的重要性。在生产过程中，大数据也确实可以发挥一些比较重要的作用。

首先，大数据可以优化产品质量管理与分析。因为受到了大数据的强烈冲击，制造业越来越需要一些创新方法的支持和帮助。例如，在制造半导体芯片时，需要经历增层、热处理、掺杂、光刻等环节，而且每一个环节都有非常严苛的物理性要求。

某半导体制造企业生产的半导体晶圆，在经历过测试环节以后，可以生成一个巨大的数据集，这个数据集中不仅包含了几百万行的测试记录，还包含了上百个测试项目。根据质量管理的相关要求，工人的工作是，对这上百个测试项目分别进行一次过程能力分析。

当然，如果按照之前的模式，工人需要分别对上百个过程能力指数进行计算，而且还需要对各项质量特性进行考核。先不计较工作的复杂性与工作量的庞大，即使真的有工人可以完成复杂的计算工作，那也很难从上百个过程能力指数中看出其关联性，同时也很难认识和总结半导体晶圆的质量和性能。

但如果利用大数据质量管理分析平台，工人就可以迅速得到一个过程能力分析报表，而且还可以从同样的大数据集中得到一些全新的分析结果。而这些分析结果也可以使半导体晶圆的质量有一定提升，从而促进生产工作的顺利进行。

其次，大数据可以加速产品创新。用户与企业之间产生了交互行为，就会产生大量数据，深度挖掘这些数据，可以让用户参与企业的创新活动。在这一方面，福特就做得非常不错。

福特采用了大数据技术，使福克斯电动车成为了真正意义上的"大数据电动车"。具体来说，无论福克斯电动车是处于行驶状态还是静止状态，都会产生大量的数据，通过这些数据，福特的工程师可以对福克斯电动车有更加深刻的了解，从而制定出既完善又科学合理的改进和创新计划。

由此可见，在智能制造的生产过程中，深度学习和大数据正在发挥着非常重要的作用。一方面，有利于减少工人的工作量，高效地控制、调整各项工作；另一方面，有利于让产品变得更加符合用户的需求，促进企业效益的增加。

3.2 智能制造面临的三大瓶颈

如今，生产成本越来越高、海外市场越来越难进入，制造企业处于极为严峻的生存困境中，转型升级成为必然。但这条路能否走得顺利，智能制造能否在中国普及，谁也无法保证。即使如此，我们也还是要知道智能制造面临的三大发展瓶颈——缺乏核心技术、缺乏统一标准、产业生态紊乱。

3.2.1 缺乏核心技术

虽然中国有不少产品的产量都位居世界第一，但所使用的技术很多都是从其他国家引进来的。可以说，中国制造业在基础材料、基础零件、基础工艺和技术上与美国、日本等国家尚存在较大差距。

在引入技术时，中国企业花费大量的成本，却只拥有使用权，而不能拥有知识产权。因此，中国企业的很大一部分利润都当作知识产权费用支付给了技术输出的国家。另外，在智能制造的背景下，技术决定一切，之前那种重生产轻研发、忽视技术创新的模式已经不再适用。

新时代的中国企业应该以"智造"提升产品质量。首先，对生产进行自动化升级，借助物联网、大数据、5G等前沿技术进行工厂及生产过程的智能化改造；

其次，优化制造环节及工艺，进行精细化制造和信息化管理，为用户带去更好的产品和服务。

3.2.2 缺乏统一标准

根据前瞻产业研究院，2019 年 10 月统计的数据显示，2019 年，中国智能制造产值在 2.25 万亿元左右；2020 年将达到 2.925 万亿元；2024 年将有望超过 4.5 万亿元，具体如表 3-1 所示。

表 3-1　中国智能制造产值

年　份	产值规模（万亿元）
2019	2.25
2020（预测）	2.925
2021（预测）	3.364
2022（预测）	3.868
2023（预测）	4.255
2024（预测）	4.681

由此可见，中国智能制造的发展潜力非常巨大，但要想实现真正的普及，还需要解决标准杂乱这一棘手难题，只有统一标准，智能制造的互连互通才能真正实现。

在中国，智能制造缺乏统一标准会带来一系列影响，例如，智能设备不能兼容、企业信息数据无法集成等。制造强国德国在发展工业 4.0 时，就将标准问题放在了首要位置，并确定了 12 个重点方向，这对于其他致力于实现智能制造的国家来说非常具有借鉴意义。

造成中国智能制造标准不明的原因有两个：一是缺失智能制造顶层框架；二是技术的发展路径尚不明确，导致各个企业的产品兼容性差。在这种情况下，中国必须加强与其他国家之间的合作，共同制定标准，提升智能制造的规范性。

早前，海尔发布了中国第一个智能制造解决方案平台 COSMO，该平台针对中国智能制造标准不一、发展方向不明确等问题，提出了诸多解决方案。不仅如此，COSMO 还连接了企业和用户，通过互连互通、开放可视让用户参与到生产过程中。

在 COSMO 的助力下，海尔率先完成了智能制造的落地，为中国其他企业提供了可以学习和参考的范例，也加快了整个制造业的转型升级。如今，海尔建立了多个以 COSMO 为基础的工厂，为用户生产个性化、高质量的产品。

为智能制造制定统一标准并不简单，需要从以下 5 个方面入手。

（1）制定基础标准，包括术语定义标准、元数据标准、标识标准等。其中，术语定义标准的主要作用是使智能制造相关概念走向统一；元数据标准的主要作用是奠定数据集成、共享的基础；标识标准的作用是让智能制造中的各类对象拥有唯一的印记。

（2）制定管理标准，包括质量管理标准、环境管理标准、能耗管理标准、两化融合管理标准等。这些管理标准可以帮助企业降低成本，减少不合格产品，提高能源利用率。

（3）制定安全标准，包括信息安全管理标准、技术与机制安全标准、产品测评及安全能力评估标准等。这些安全标准可以保证网络、数据、第三方测评等的安全。

（4）制定可靠性标准，包括可靠性标准指南、可靠性技术方法标准等。其中，可靠性标准指南需要说明风险、费用、维修、保障等方面的要求；可靠性技术方法标准需要说明试验技术、筛选技术、建模与分析等方面的要求。

（5）制定评价标准，包括应用评价标准、企业评价标准、项目评价标准等。这些评价标准可以提升智能制造的整体水平。

要制定上述标准,除了需要各大企业出力,政府也应该发挥带头作用,做好协调工作,只有形成这种企业和政府的合力,智能制造才能有更好的发展和进步。

3.2.3 产业生态紊乱

中国制造业生态紊乱,主要问题是区域不协调和产品不协调。例如,服务型制造业比重偏低;产品缺乏核心竞争力;服务化发展滞后;产品种类较少;贸易条件不断恶化等。

以贸易条件不断恶化来说,有些国家为保护自身利益,推行贸易保护主义,设定产品准入条件,构建贸易壁垒,这大大阻碍了中国在新一轮世界范围内的产业革命和产业竞争力。

要想改善这种生态紊乱情况,中国企业必须加强创新能力,大力推行自主创新,不断加大研发投入,重视工人科技感的提升,建立健全创新改革技术的激励制度,积极主动向成功者学习,自觉进行转型升级。

此外,政府要加强对企业"走出去"政策的引导,积极推进对外直接投资,培育中国的跨国企业,支持企业资源整合,加强技术培训及对企业海外投资的监管,推动企业向多元化、智能化发展。

总而言之,在智能制造时代,中国企业应该寻求突破,尽力把中国从"制造大国"变为"制造强国",破除"低端"魔咒,在产业链和国际市场上拥有优势地位。

3.3 成功智造必备的6要素

在 AI 时代,成功智造说困难也困难,说简单也简单。困难的是技术的升级和意识的培养；简单的是有 6 要素可以带领企业走向辉煌。6 要素就是价值驱动、技术驱动、需求驱动、质量驱动、思维驱动、人机驱动。

(3.3.1) 价值驱动：好产品+优服务

智能制造有两个核心，一是生产的价值在哪里；二是如何找到生产的价值。这两个核心可以归结为价值驱动。对于制造企业来说，要想拥有价值驱动，需要从好产品、优服务着手。

1. 好产品：好产品离不开好设计，好设计离不开大数据

如今，用户的需求趋向个性化，一个小细节，可能就会让产品脱颖而出。因此，"小数据+大数据"的研究方式，更有助于产品设计。

德国制造企业雄克的 SAP 智能产品设计方案，将数字化创新应用在了实际的工程场景中。SAP 智能产品设计方案依托于数字孪生理念，设计人员根据数据，就可以提供产品的 360 度全息视图，从而让用户深入了解产品的细节。

通过 SAP 智能产品设计方案，设计人员可以通过仪表板直接访问产品相关信息，或跟踪现场设备的性能，整合数据，对比产品设计的功率与用户实际消耗的功率的不同之处，调整工程布局。

另外，雄克通过 SAP 智能产品设计方案，可以轻松开始设计一个新产品。与此同时，协同功能为雄克不同部门间的合作提供了强大的虚拟平台。SAP 智能产品设计方案的核心是一整套 SaaS 软件，有利于为雄克提供多种设计方案。

智能化时代设计产品需要注意三个方面：一是实时协同，保证相关数据的一致性；二是需求驱动，增强用户与产品的关联；三是产品智能分析，帮助设计人员和用户全面把控产品。

2. 优服务：让用户拥有极致的体验

珠宝企业周大福曾推出虚拟首饰试戴服务，消费者只需点击 AR/VR 设备的屏幕，选择看好的首饰，即可进行试戴。这种带有时代感和科技感的服务，更加符合当今消费者的需求。

除了周大福，还有一些企业正试图将 AR/VR 和实体店结合起来，将实体店升级为数字孪生店，以便在构建虚拟娱乐体验的同时吸引更多消费者。在数字孪生店中，如果消费者浏览产品，AR/VR 设备会实时更新产品的上下架信息，而且还会根据消费者挑选的产品，重新排列产品位置，改善消费体验。

之前，企业的销售路径是，脱颖而出吸引消费者关注、明确与竞争对手之间的差异和优势、说服用户购买。AR/VR 不但简化了这一销售路径，还为消费者提供了更加便捷、更加真实的消费体验，充分激发消费者购买的欲望。

综上所述，智能制造的价值驱动，关键就在于产品和服务，产品好了，才可以引起消费者的关注；服务优了，才可以让消费者重复购买，生产才有意义。

3.3.2 技术驱动：智能化=数据化+自动化

智能制造不能少了技术，这一点毋庸置疑。对于传统制造业而言，技术代表着智能化；对于各大制造企业而言，技术代表着数据化、自动化。

秦皇岛有一家特殊的水饺工厂，这家水饺工厂面积约 500 平方米，非常干净，也十分整洁。但奇怪的是，在这家水饺工厂中，根本看不到任何一个工人，取而代之的是各种各样的机器，而且这些机器可以全天候不间断地工作。

无论是和面，还是放馅，或是捏水饺，全部都由机器来完成，俨然形成了一条完整的全机器化生产线。在这家水饺工厂中，有以下几种类型的机器，如图 3-3所示。

图 3-3　水饺工厂中的几种机器

这些机器都有各自需要负责的工作，其中，气动抓手主要负责抓取已经包好的饺子，并将其放到准确的位置上；塑封机器主要负责给速冻过的饺子塑封；分拣机器则需要给已经塑封好的饺子分类（由于分拣机器上有一个带吸盘的抓手，因此，不会对饺子和包装造成任何损坏）；码垛机器可以将装订成箱的饺子整齐地码放在一起，而且根本不会感到疲倦和厌烦。

引进了机器以后，水饺工厂的工人已经不足 20 人，而且其中的大多数都是在控制室或试验室里工作。不过，虽然工人数量比之前有了大幅度减少，但工作效率一点都没有下降。

水饺工厂用机器代替了工人，不仅大大节省了人力，还把工人从繁重的劳动中解放出来。

可见，通过智能化、自动化生产，水饺工厂的优势已经逐渐凸显出来，在节省人力和提高效率的同时，可以大幅度降低"人为风险"，最大限度保障产品质量。

水饺工厂是众多智能制造案例中的一个，充分体现出技术的重要性。可以说，一旦拥有了技术，引进了机器，产品的废品率就会降低；企业的生产水平就会更高，而工人则只需要完成日常监测和检查即可。

(3.3.3) 需求驱动：基于用户需求开发新服务

很多时候，一台空调，卖的不是空调，更多的是围绕空调的服务，例如，空气干燥时提醒及时补水，天气骤变时提醒调整温度等；一台汽车，卖的不是汽车，更多的是行程定制，例如，路况分析、目的地介绍等。

这些例子都在告诉企业，智能制造时代，必须基于用户需求开发新服务。对于制造业而言，供需不匹配是一个亟待解决的问题，这个问题会引发一系列"副作用"，例如，库存积压、产品不足、难以为用户提供优质服务等。

一般情况下，造成供需不匹配的原因可以分为两类：信息不对称和能力不满足。

由于主观因素的存在，信息不对称不可能被完全消除，但企业可以通过技术弱化客观因素与主观因素的差异，从而使生产者和用户可以更加直接的交流。

能力不满足是指面对供需的变化，受既成布局、行为习惯等因素的影响，无法动态调整预先安排。智能制造要求企业除了能在生产过程中及时调整预先安排，还要求企业为用户提供完美的服务，具体如图 3-4 所示。

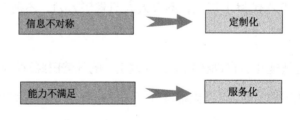

图 3-4　基于用户需求开发新服务的要点

1. 定制化

企业根据用户需求调整产品设计，灵活制作各种产品；订单生成后送达工厂；工厂根据要求定制产品，通过模块化的拼装，既能满足不同用户的需求，又能缩短产品的生产周期。

2. 服务化

企业从以生产产品为核心，转变为为用户提供高价值的服务，帮助用户解决问题。以戴尔为例，戴尔虽然比不上 IBM、康柏等历史悠久的企业，但依旧占据可观的市场份额，其中一个重要的原因就是定制化生产。

对于企业来说，实现定制化生产是一件非常困难的事情，尤其是电脑这种既涉及高新技术，又涉及精益制造的产品，所投入的成本与遇到的困难要更多。戴尔建立直销网站，将其作为定制化生产的主要平台。在直销网站上，客服人员为成百上千的用户提供咨询服务，使戴尔与用户进行无障碍、零距离的沟通交流。

戴尔开创性地将新零售方式融入产品生产中，始终坚持以用户需求为本，实现了基于用户的"大规模定制化"生产。在戴尔，用户可以自己设计、配置喜欢的产品，包括电脑的功能、型号、外观及参数等。

戴尔设立了自助服务系统，可以使用户与客服人员直接沟通，这样不仅避开了大量的中间环节，也让用户享受到方便、快捷的服务。除此之外，戴尔还为用户建立了非常全面的数据库，用户可以在里面看到各类硬件和软件的简介，以及可能出现的问题和解决方法。

为每一位用户量身定做产品，并辅以个性化的服务，是"以用户需求为本"的直接体现。对于企业来说，这不仅有助于吸引和留存用户，还可以让效益更加丰厚，为自身的转型升级奠定坚实的经济基础。

(3.3.4) 质量驱动：产品创新+优质高效

智能制造之所以会出现，并得到迅猛发展，无非是提升质量和效率的需要，而要想提升质量和效率，必须借助先进的技术，具体可以从以下几个方面进行说明，如图 3-5 所示。

AI机械手臂：提升生产的效率和安全性

大数据：预测生产进度，提升产品质量

AI视觉技术：助力产品质量检测

图 3-5　借助先进的技术提升质量和效率

1. AI 机械手臂：提升生产的效率和安全性

在所有的智能设备中，机械手臂是比较具有代表性的一个。通常来讲，机械手臂由运动器件、导向装置、手臂三个部分组成。其中，运动器件的作用是驱动手臂运动；导向装置的作用是保证手臂的正确方向；手臂的作用是连接和承受外力。

因为安装在手臂上的零件非常多，例如冷却装置、控制件、油缸、导向杆等，所以手臂的工作范围、结构、承载能力等都会影响机械手臂的性能。

采用机械手臂以后，工人的工作安全性将会有较大提升，以前经常出现的工伤事故也会大幅度减少。在工厂所有工作都由工人承担的那个时候，即使是经验非常丰富的工人，也会因为机器故障、工作疏忽等情况而面临受伤的危险。另外，机械手臂还可以让工人更加轻松，节省一大部分空间，从而提升工厂的紧凑性和精致性。

2. 大数据：预测生产进度，提升产品质量

大数据是实现智能制造的核心技术，其价值在于预测需求、解决潜在问题、

整合产业链、优化生产过程。

杜克是美国最大的发电企业，拥有 80 多家工厂，超过 29 000 名工人，总部位于北卡罗来纳州夏洛特，主要职责是向美国东南部和中西部地区供电和输送天然气。为了控制成本、提高设备自动化能力，杜克研发了监测和诊断基础设施，通过有线或无线的方式将结果发送给服务器，同时利用大量的模拟数据为专家提供全面的波形分析，使专家能够远程监控来自所有设备的异常数据，并快速解决问题。

大数据为企业带来了巨大机遇，一方面，可以帮助企业降低成本，提高生产效率，迅速解决问题；另一方面，有利于企业根据用户实际需求改良产品，提升产品质量。还有，大数据的运用和深度分析还可以让企业实时监测产品质量，预测生产进度，更迅速地决定是否接受对时间要求很高的订单。

3．AI 视觉技术：助力产品质量检测

AI 视觉技术的一个主要应用就是对产品进行质量检测。目前，越来越多的企业希望可以由智能设备来取代工人，去完成一些比较基本的产品质量检测工作，因为这样不仅可以保证工人的安全，还可以进一步提升产品质量检测的效率。

2018 年，百度云正式推出了质检云。质检云基于百度 ABC（AI、大数据、云计算）能力，深度融合了 AI 视觉技术和深度学习，不仅特别容易部署和升级，还省去了那些需要工人干预的环节，大大提升了工作效率。

此外，质检云基于百度多年的 AI 经验积累，实现了对制造业的全面赋能。与传统视觉技术相比，AI 视觉技术摆脱了无法识别不规则缺陷的弊病，而且识别准确率更高，甚至已经超过了 99%。不仅如此，这一识别准确率还会随着数据量的增加而不断提高。

制造业从目前到未来十年的发展是不可预测的，AI、物联网、大数据、可穿

戴设备等一系列技术，将重塑制造业体系，构建未来的制造业形态。企业运用这些技术能够实现柔性化生产，降低生产成本，提高产品质量，满足用户需求，从而提高自身的市场竞争力。

3.3.5 思维驱动：生态链+全球化

随着全球竞争格局的调整，以及数字化、网络化、智能化等信息技术的应用与突破，再加上新能源、新材料和新商业模式的变革，制造业正在遭受越来越大的冲击。传统的制造业是"生物体思维"，而新时代的制造业是"生态链思维"。

生物体思维是指仅强化自身，忽略对外部环境的影响，也就是"利己思维"；而生态链思维则是指与伙伴、用户、社会共同成长、共同发展进步，最终形成你中有我、我中有你的利益群体。智能制造要求企业具有构建完整生态链和走向全球化的新思维。

制造业是中国经济的重要增长点，在互联网普及的当下，"制造业+互联网"成为行业发展的新模式之一，而知名电子产品制造企业小米所打造的生态链，凭借其独特的优势成了智能制造下新思维的代表。

小米的业务可以分为三个方面，一是硬件，包括手机、电视、路由器等；二是互联网，包括互娱、云服务、影业等；三是新零售，包括小米商城、小米之家、米家有品等。

基于上述业务，小米形成了以自身为核心，涉及投资机构、业务群体、用户及消费者的生态链，这一生态链又被称为小米模式的放大器。下面以小米投资机构的模式为例，分析小米的生态链是如何发展的。

截至 2019 年，小米已经投资了 100 多家企业，其中约有 30 家为从零做起的初创企业。目前，小米生态链上的企业有 3 家年收入超过 10 亿元，有 4 家估值超过 10 亿美元，有 16 家年收入超过 1 亿元。这些企业在小米的帮助下迅速发展进步，成为小米创新、制造和运输的坚实后盾，为小米的升级提供无限可能。

小米的生态链为什么会如此成功，可以从 4 个方面来解释。

第一，小米自身红利。小米作为世界级的大型知名企业，在团队、品牌热度、用户群体、电商平台、供应链、资金等领域都拥有较强的优势，可以为所投资的企业和相关利益群体提供全方位帮助与利益增长。

第二，小米的合作机制。在投资之后，小米虽然深度参与运营，但不会过度干预企业的发展，主要股份留给创业团队，不追求控股，即小米投资的所有企业都是小米的兄弟企业，大家在同一平台上平等发展。

第三，小米生态链的"孵化矩阵"。对生态链中的初创企业，小米都帮助其弥补孵化所需的短板，完善发展结构，解决产品设计、用户研究、供应链管理、品牌营销等诸多问题。

第四，相同的价值观。生态链将小米与小米投资的企业联系在一起，让小米的价值观影响投资企业，最终形成相同的价值观，逐步走向小米所预期的目标。

除了生态链思维，小米还重视全球化思维。那么，小米的全球化思维是怎样的呢？毫无疑问，在海外的新兴市场中，小米的"性价比"成为一个关键点。

自从开启印度征程以后，小米的影响力就一发不可收拾。进入印度市场不到两年，小米的营业额就超过了 10 亿美元，始终位于印度智能手机品牌前三名。此外，小米在印度推出的智能手机销售量都在百万台以上，成为印度有史以来发货量最大的企业。

小米创始人雷军认为，小米在印度的成功除了"性价比"这一关键点，还包括电商平台。因为小米的核心产品是智能手机，如果没有电商，根本不可能同时兼顾高品质产品和诚实厚道的价格。

正是由于电商的魅力，小米才可以将传统厂商卖 2 000 元的智能手机卖到

1 000 元以内。小米刚刚进入印度的时候，依靠 Flip Card、Amazon 和小米网三个电商平台开展业务，迅速在印度取得了决定性的进展。

以印度为样板，小米的经验还可以复制到印尼。对此，雷军表示，小米在印度和印尼投资了近十家互联网企业，小米的智能手机也在印尼实现了本土生产，代工厂的年产量约为 100 万台，而且质量方面也非常有保障。

随后，小米的全球化策略始终坚持"线上+线下"的思路，例如，在马尼拉、雅典、迪拜等地建立授权店；在莫斯科建立首个小米之家；在印尼建立了 61 家服务中心等。纵观小米全球化的布局可以看出，小米主要采取了以下 3 个思路。

第一，投入增长潜力足够大的新兴市场。不管是雅典还是迪拜，作为世界知名城市，其发展潜力都非同一般。

第二，利用线上模式降低成本，让产品拥有极高的性价比。

第三，当市场潜力巨大，并且适合本土化生产时，投入资本实现本土化生产。

小米在智能制造下的新思维为其他企业提供了借鉴，非常值得学习，即依靠高性价比的优质产品，铺设线上和线下双渠道，不断进行全球化扩张。

3.3.6 人机驱动：把机器变成智能化的"工人"

成功智造必备的最后一个要素是人机驱动，即把机器变成智能化的"工人"。传统制造业的生产要素是厂房、土地、工人等；新时代的制造业降低了这些生产要素的重要性，以技术为驱动力，是"ABC"的组合，即人工智能（AI）、大数据（Big data）、云计算（Cloud Computing）。

智能化是智能制造的运转形态，其背后是互联网、大数据、人工智能等技术的出现与应用。从二十世纪八九十年代至今，智能化一直是制造业追求的目标，经过多年的努力，出现了虚拟制造分布式数控、人机协同等模式，但这些模式还是局限于设备层和系统层，依旧只是自动化制造的延伸。

现在和未来的制造业智能化，是以人工智能、云计算为基础的深度智能，是从底层到顶层的全产业要素配置的全面智能。这种智能不仅是自动化，更是通信、软件、商业运营的结合，是全民参与的社会化智能。

至于应该如何把机器变成智能化的"工人"，2018 年年底，LG 对外展示了一款名为 CLOi SuitBot 的机器人。这款机器人的官方定位是"可穿戴机器人"，用于"支持和增强使用者的双腿"，让操作重型工具的重负荷工人获得更大的力量与机动性。

实际上，CLOi SuitBot 更像一种"以工人为中心"的辅助机械，其最初的设计目的并不是取代工人工作，而是延伸和增强工人的技能。借助 CLOi SuitBot，工人可以付出较少的肢体力量，获得更好的工作效果。

CLOi SuitBot 能让工人更加轻松地工作，在走路、站立和工作时，提高下肢力量从而更轻松地完成工作。与其他外置骨骼不同，CLOi SuitBot 的自动调整功能让工人可以更加方便地穿脱。LG 最终目标是让整个生产或物流网络的工人全部配备这种外置骨骼。

目前虽然 CLOi SuitBot 还没有真正商业化，但在未来的工厂里，它无疑会保护更多工人的安全，尤其对于制造业来说，可以在很大程度上减轻人力负担，提高生产效率。

从事制造业及相关行业的各级决策者，都将主动或被动地接受这一新变化，将机器变成智能化的"工人"，使企业在每个的交互中，以智能化的方式，实现高效率管控、低成本组织以及接近真实结果的预测，充分发挥机器智能化的相关能力优势。

智能化技术的兴起，为制造业提供了无限可能。人工智能的深入发展使语音、图像、视频等机器识别与交互成为现实，这将会颠覆整个制造业生产流程。例如，

要是能通过机器控制产品的质量，找出残次的产品，就可以省去很多初期检测和反复观察的成本，还可以及时找到问题，并提供解决方案。

现在，已经有越来越多的科技企业在研究 AI 机器，供制造企业使用。对科技企业而言，提供人工智能服务是一种必然趋势；对于制造企业而言，这是发挥机器智能化能力、减轻工人工作压力、实现高效生产的秘密武器。

3.4 成功智造案例盘点

技术进步促进了生产过程的互连互通，隐藏在各类消费场景中的需求也在被不断探索，很多企业开始向服务化迈进，希望尽快完成转型升级，实现成功智造。在这一方面，西门子、博世、海尔、富士康、菜鸟网络都做得非常出色。

3.4.1 西门子安贝格工厂：提高效率+缩短周期+增加灵活性

西门子是德国制造领跑者，是率先加入德国工业 4.0 战略的企业之一 。从工业 4.0 提出之初，西门子就开始研究物联网、云计算、工业以太网等前沿技术，并在此基础上形成了领先全球的生产管理系统。

安贝格工厂是西门子旗下位于巴伐利亚州的一个工厂，也是当时世界上最先进的智能工厂，由德国政府、企业、大学及研究机构合力研发。安贝格工厂里有全自动、以前沿技术为核心的先进系统，可以有效促进智能制造的实现。

相关数据显示，安贝格工厂每年生产约 2 000 万件 Simatic 系列产品，而且只有千分之一的出错率，相当于质量提高了几十倍。与此同时，安贝格工厂中所有的流程都交给 IT 系统控制和优化，以确保产品的质量和生产的效率。

安贝格工厂由真实工厂与虚拟工厂两部分组成，虚拟工厂用来反映真实工厂生产的数据、环境等信息，然后工人通过虚拟工厂控制和管理真实工厂。在这种做法下，安贝格工厂近75%的生产作业已经实现自动化，工人与智能设备互连互通。

在整个生产过程中，工人只需负责将组件放置到生产线上，此后的所有环节均由智能设备和机器负责。依靠这样的高度自动化，安贝格工厂仅需 24 小时就可以做好对全球约 6 万名用户的产品交付准备。

安贝格工厂除了生产产品，还会处理大量信息。在安贝格工厂中，超过 3 亿个元器件都有特殊的编码，编码里包含一些基础识别信息，例如，元器件来源、材质等。当元器件进入烘箱时，智能设备依据编码信息判断温度和时间，并安排好下一个进入烘箱的元器件，以便及时调节生产参数。

此外，即使是同一条生产线，智能设备也可以根据需求预先设置控制程序，装配不同的元器件。一条生产线如果同时设置多个控制程序，就可以生产出各具特性的产品。对于成型的产品来说，经过上百个编码识别已经是常态。

通过控制程序和产品与机器之间的交互行为，可以实时优化生产信息，进一步提高生产效率。原本需要 40 个工人完成的工作，现在只需要两三个工人记录一些数据并汇总即可。在此过程中，安贝格工厂的生产执行系统每天将生成并储存约 5 000 万条信息，工人查阅当天的生产信息，找出短板并深入分析，从而降低产品的缺陷率。

安贝格工厂的每条生产线上都运行着生产执行系统，以便通过产品代码控制整个生产过程，实现产品与产品、产品与设备之间的互通互连，以达到优化生产路径，提升生产效率的目的。如今，安贝格工厂生产过程的自动化率达 75%，而且物流、信息、生产过程三者的自动化匹配，真正达到了完美统一。

安贝格工厂的模块化设计，缩短了为用户提供服务的周期，能更加快捷地为用户服务。模块化设计是实现灵活组织生产的重要保证，包含产品设计、生产设

备、信息化软件系统的模块化设计及标准化设计。

虽然数字化和自动化大大提升了生产效率，但工人依然是工厂的核心。在安贝格工厂里，每条生产线上仍然有 6~8 名操作工人，还有一些技术工人进行支撑，负责确定物料、维护设备、产品检验，以及例行巡查等工作。

德国实现工业 4.0 的重要因素包括数字化、自动化、模块化的前沿技术；持续的产品迭代；不断的转型升级等。安贝格工厂坚持推进数字化与自动化装备的高度结合，致力于提高生产效率、改善产品质量，这种精神为中国制造企业提供了良好的参考与借鉴。

3.4.2　博世的洪堡工厂：为所有零件加上射频识别码

作为全球第一大汽车技术供应商，博世以尖端的产品和系统解决方案闻名于世。洪堡工厂是博世旗下智能工厂的代表，与安贝格工厂一样，都是德国智能制造的案例。从制造业的角度来说，智能工厂可以提高生产效率，解放生产力。在德国工业 4.0 的宣传册上，智能工厂是以云计算为基础建立大数据模型、结合物联网最终得以形成的，如图 3-6 所示。

图 3-6　智能工厂的形成

博世的洪堡工厂位于阿尔卑斯山脚下一个名为布莱夏赫（Blaichach）的小镇里，以生产汽车刹车系统零件和汽车燃油供给系统零件为主。洪堡工厂并不是简单地用机器代替工人，而是将智能化、信息化、自动化等技术逐渐融入生产中，使整个过程透明化。

洪堡工厂的生产线上都安装了射频识别码，以便为每个产品注明身份，实现机器与机器的对话，让不同环节生产的零件无缝对接。每经过一个环节，读卡器会自动读出信息，然后反馈到控制中心，从而实现自动化处理问题，提高生产效率。

洪堡工厂将从 4 个方面实现工业 4.0：智能化原材料输送系统、国际生产网络系统、流水线自动跟踪系统、高效设备管理系统。

1. 智能化原材料输送系统

洪堡工厂的原材料输送系统通过射频识别可以自动进行信息登记、下达订单、订单确认和订单追踪等工作。工人会把记录着相关信息的"看板条"夹到一个塑料夹里，然后再将其贴在盒子上，而塑料夹底部有一块射频识别码，即产品的身份证。之后，机器通过识别这些身份证就可以知道下一步操作的具体步骤，最终完成生产。

射频识别系统投入使用后，洪堡工厂实现了生产过程的可视化、生产原材料的节约化，库存减少了30%，生产效率提高了10%，节约的资金高达几千万欧元。目前，博世在全球 10 家洪堡工厂每个月扫描 200 万个射频识别码。

2. 国际生产网络系统

在洪堡工厂中，国际生产网络系统最能体现大数据和互联网在生产中的结合，通过这一系统，博世的全球 20 条生产线得到了有效管理。与此同时，国际生产网络系统会根据订单量的多少来安排工作进度，一旦出现问题，负责管理的技术人员能及时发现并解决问题。

3. 流水线自动跟踪系统

洪堡工厂的生产线上设有自动跟踪系统，一旦生产线出现故障，该系统会及时把故障情况和原因反馈给总系统，总系统发送修正指令，生产线上的机器就能自动修正故障。一旦这项先进的标准化纠错设置被触发，自动跟踪系统就会自动检测、修正故障。如果故障超过修正能力范围，自动跟踪系统就会将其反馈给技术人员，由技术人员负责修正。

4. 高效设备管理系统

在洪堡工厂中，高效设备管理系统可以实现生产设备的维修和管理。例如，汽车燃油供给系统零件的原材料是高强度塑料，生产需要极端高温，因此，生产设备经常出现严重损伤，为了保证生产质量和生产效率，必须经常维护和更换。

为了进一步延长生产设备的寿命，有效地使用生产设备，洪堡工厂给每一个生产设备都安装了射频识别码，利用生产执行系统，储存和显示每一个生产设备的信息。这些信息能动态监督生产设备的运作情况、寿命、维护保养时间等参数，以便技术人员及时保养和更换设备，不影响生产过程，获得最大的经济效益。

博世整合了来自洪堡工厂的海量数据，对洪堡工厂进行全局性的生产管理，以及生产设备的性能预测。不仅如此，博世还在合适的时间执行相应的维护任务，不仅节省了一大笔运营成本，还提高了生产效率。

3.4.3 海尔互连工厂：颠覆传统，引领中国智造

在智能制造方面，海尔一直是引领者，始终处于制造业的龙头位置，其旗下的互连工厂是极具代表的智能工厂。从建立之初，海尔互连工厂的宗旨就是"以用户为中心，满足用户需求，提升用户体验，实现产品迭代升级"。

在这样的宗旨下，海尔互连工厂尽力满足用户需求，关注产品的价值，例如，

通过可定制的方案、可视化的流程与高效的生产，来满足用户个性化、多元化的消费体验。此外，海尔互连工厂还借助模块化技术，提高了 20% 的生产效率，产品开发周期与运营成本也相应地减少了 20%。这样良性循环，最终提升了库存周转率及能源利用率。

人工智能如何改变海尔互连工厂的生产，具体体现在以下 4 个方面。

（1）模块化生产为海尔互连工厂的智能制造奠定了基础。原本需要 300 多个零件的冰箱，现在借助模块化技术，只需要 23 个模块就能轻松生产。

（2）海尔借助前沿技术进行自动化、批量化、柔性化生产。

（3）通过三网（物联网、互联网和务联网）融合技术，在工业生产中实现人人互连、机机互连、人机互连与机物互连。

（4）智能化体现在两个方面：产品智能和工厂智能。产品智能就是结合最先进的科技，借助 NLP 技术（自然语言处理技术），使海尔的智能冰箱能听懂用户的语言，并执行相关的操作；工厂智能借助各项 AI 技术，通过机器完成不同的订单类型及订单数量，同时根据具体情况的变化，进行生产方式的自动调整优化。

在整个智能生产系统下，海尔互连工厂能满足用户的个性化需求，充分实现产品的效益，获得丰厚盈利。

3.4.4 富士康：让机器人组装 iPhone，提速增效

对于富士康而言，iPhone 无疑是一个非常重要的产品。可能是为了提高产品质量，可能是为了提高生产效率，也可能是为了减少人力成本，在很早之前，就出现了富士康要采用机器人组装 iPhone 的新闻。富士康在这方面的部署具体分为以下 3 个阶段。

第 1 阶段——让机器人去完成既重复又烦琐，而且工人不太愿意做的工作，

当然，还包括一些危险性比较高的工作。

第 2 阶段——对生产线进行进一步调整和改善，并在大幅度减少所需工人数量的同时使生产效率得以迅速提升。

第 3 阶段——实现全工厂范围内的自动化，将所需工人数量降到最少，而且只让剩下的工人负责一些特定工作，如测试、检查、维护、保障等。

从目前的情况来看，富士康正处于由第 2 阶段向第 3 阶段过渡时期。另外，在这个过渡时期，机器人 Foxbot 扮演了非常关键的角色，与此同时，它也是富士康迈向智能制造的重要指标。

实际上，早在 2006 年，富士康就推出了名为"富士康深圳一号"机器人；2011 年，鸿海集团董事长郭台铭又发出"富士康机器人数量将在 2014 年到达 100 万个"的号召。如今，富士康机器人终于在历经磨难以后开花结果。

据了解，在富士康大批量组装 iPhone 7 的时候，机器人就派上了很大用场。相关数据显示，用于组装 iPhone 7 的机器人已经达到了上万个。而富士康方面也透露，机器人的单价在 2.5 万美元左右，基本上每个机器人都可以组装 3 万台以上的 iPhone 7，这的确为富士康提升了生产效率。

当时还有媒体推测，中国市场上所有的 iPhone 7 很可能都是由机器人组装的，当然，这种推测也并不是毫无根据的。早前，富士康自动化技术委员会总经理戴家鹏在国际机器人专题研讨会上，因推动机器人事业发展与应用而被授予"恩格尔伯格机器人技术奖"。这个奖项有"机器人诺贝尔奖"之称，也就是说，在机器人领域，富士康的确已经达到了世界级水平。

为了更好地生产，富士康自行研发的机器人能够执行 20 种制造工序，包括油压、打磨、品质测试等。不过，即使富士康的机器人已经达到一个很高的水平，但必须承认的是，在短期内，富士康仍然需要工人来保证企业的正常运转。

随着技术进步，市场竞争的加剧，更多的制造企业开始转变生产方式，借助机器人实现自动化生产，进一步提高生产效率，促进产业结构的智能化调整，提升自身影响力。

3.4.5 AI "机器人仓库"：智能拣货，提升运营效率

在 AI 不断升级的情况下，菜鸟网络打造出中国最大的"机器人仓库"，此后，AI 被再一次推到了风口浪尖之上。那么，菜鸟网络的"机器人仓库"究竟智能到了什么程度呢？

普通的"机器人仓库"可能只有几十个搬运机器人，但菜鸟网络的"机器人仓库"则有所不同，拥有的机器人数量已经达到了上百个，而且更重要的是，这些机器人不仅需要独立运行，各自之间还需要协同合作。

目前，在菜鸟网络的"机器人仓库"中，数百个机器人可以独立执行不同订单的拣货任务，也可以协同合作执行同一订单的拣货任务。不仅如此，这些机器人还可以在保证秩序的前提下相互识别，并根据任务的紧急程度做到相互礼让。

理论上来说，几十台和上百台机器人任务分配难度是不同的。的确，机器人数量越多，分配任务的难度也就越大。在这种情况下，菜鸟网络必须科学合理地将每个任务分配给相应的机器人，从而使任务完成效率得以大幅度提升。与此同时，还要尽可能防止不同机器人之间的碰撞、干扰。

"机器人仓库"中的机器人接到任务以后，便会在第一时间移动到与订单产品相对应的货架下，接着再把货架顶起，拉到拣货人员面前。而且，这里的每一台机器人都可以顶起 250 千克重，并灵活旋转，将货架的 4 个面都调配到拣货人员的面前。

在"机器人仓库"中，无论是货架的位置，还是机器人的调配，都要以订单为基础，这不仅可以保证任务完成效率的最大化，同时还可以在一定程度上避免

拥堵现象的发生。

除了"机器人仓库"，菜鸟网络还发布了一项"未来绿色智慧物流汽车计划"。该计划的目标是，打造100万辆搭载"菜鸟智慧大脑"的新能源物流汽车。因为新能源物流汽车搭载了"菜鸟智慧大脑"，所以系统会在订单动态的基础上，为配送人员提供一条最优线路。与此同时，系统还会根据道路情景对界面进行调整，并与配送人员进行语音交互，从而实现真正意义上的智慧配送。

早前，菜鸟网络为一家名为"快仓"的智能仓储设备企业投入了一笔巨额资金。快仓致力于设计和研发可移动货架、拣货工作站、补货工作站、移动机器人等。相关专家认为，快仓与菜鸟网络达成合作以后，"机器人仓库"将会进入一个新的发展阶段。

当然，不只是菜鸟网络，还有一些企业也希望可以引进更多的机器人。对此，牛津大学曾做过一项研究调查，结果显示，未来，近50%的低技术工作将由机器或者机器人来完成，这对于制造业来说既是机遇，也是挑战。

第 **4** 章

智能制造与产品智能化

智能制造的第一个步骤就是产品智能化，如果产品不够好，就会对后期的销售和推广产生不良影响；相反，如果产品够好，则会为企业带来极为丰厚的利润。由此来看，对于企业来说，在技术的指引下设计和生产高质量产品十分必要。

4.1 智能制造与产品设计

随着经济市场的转型升级及中国制造强国战略的推进，制造业迎来了发展的"春天"，在这个大背景下，传统制造企业相继走上了变革之路。

如今，很多智能化技术被应用到制造业中，产品愈发智能化，人与物开始互连，定制消费拉近了用户与企业的距离，新的模式也在不知不觉中逐渐形成。这些都在驱使着制造企业去重新思考如何推进产品设计创新，及时且全方位地满足用户需求。

4.1.1 设计思维：通过市场反推产品机会

在进行产品设计时，会遇到很多难以解决的问题，这个时候，根据什么来抉择？直觉，还是与他人交谈？这些方法可能会带来正确的方法，但有效性有限，而且与客观的数据相比，说服性差。

如今，借助先进技术，设计师可以洞察市场，了解用户需求，进一步改善产品。以大数据为例，AI 时代下的大数据，能够在千万级用户需求的基础上提升设计的精准度，这在量级和深度上充分弥补了小数据的不足。海量的数据背后，隐藏的是用户的行为习惯和喜好，设计师应该利用、挖掘、分析这些数据，设计更符合用户需要的产品和服务。

IBM 是全球最大的信息技术和业务解决方案企业，对计算、精确、功能等理性因素十分重视，但如今的移动互联网讲究用户体验为王，用户需求的转变，正在推动 IBM 的产品开发向个性化发展。

目前，IBM 在全球拥有 20 多个工作室，超过 1 000 名设计师。IBM 成立这些工作室的初衷是希望将设计融入具体的工作中，以此来彻底改变工作模式。

在 IBM 的工作室中，汇集了研究人员、社交达人、媒体专家和设计师。大家共同研究产品，可以把不同人的能力融合在一起，通过互动把设计思维与 IBM 在大数据、云计算、移动和社交等方面的专长集成在一起。

一个航空企业收集了乘客多方面的信息，例如，飞行次数、常往目的地、购物记录等。该企业利用 IBM 分析技术结合这些数据，为乘客设计了一款定制应用，在这个过程中，大数据是基础，企业扮演了集成的角色。

在 IBM 的设计思维中，核心理念是同理心，即要知道用户的问题、用户的疑虑、用户的需求。基于这些数据，IBM 能快速生成新想法，并在用户中测试，然后根据反馈不断优化最终的产品。

传统的产品设计通常只从用户需求和痛点出发，设计师通过设计解决用户的某些需求，然后由研发部门选择原材料，并进行成本评估，最终以某种方式推向市场。现在，大数据可以帮助设计师快速研究市场，与此同时，设计师还可以借助检索工具，做出价格与销量的分析图，以弱化产品价格的被动性。

例如，假设价格在 25~85 元的产品销量最好，而这个价格的产品，目前市场上的造型和功能基本相似，在设计时就可以根据这些入手，突出针对性与独特性。总之，结合用户需求，通过差异化设计来区别同类产品，在这个价格段中脱颖而出。

通过大数据，设计师能及时分析出目前市场存在的产品有哪些优势和不足，以及是否完全满足用户需求、自己产品的落脚点应该在哪里等问题，这些问题会影响产品的最终销量，因此，在设计时必须重点关注。

以大数据为前提的产品设计，可以帮助设计师解决一些疑难问题，从产品的功能到产品的外观，每一步都经过计算与测算，一切尽在掌控之中。

对于设计师来说，优化设计的最好办法就是，了解用户的消费喜好及消费习惯，明确什么样的产品能够吸引用户注意，什么样的功能可以使产品快速推向市场，并实现盈利。这些都可以在大数据的基础上，通过市场情况反推出来。

4.1.2 设计目标：满足用户核心需求

企业挖掘用户"心思"的基本方法是"用技术说话"，通过技术，如大数据、人工智能等，可以落实"以用户需求为核心"的战略，即用户需要什么产品就提供什么产品。这一点说起来很容易，但真正做起来却非常困难。

很多企业的破产、倒闭，都可以归结为远离了用户。过去，企业会通过市场

调研、与用户交流沟通、发调查问卷等方式来洞察用户需求。随着技术的发展，越来越多的企业转而使用大数据洞察并分析用户的真实需求，大数据分析可以广泛地应用于制造业，更准确地获取用户需求，适时进行产品推送、增加用户关怀、控制商家风险，更好地创造市场商机。

随着用户需求的变化，竞争更加激烈，企业很难再通过产品对市场进行有效预测。作为知名拍卖网站，eBay 早就意识到技术的重要性。它很早就开始组建大数据分析平台，跟踪分析用户行为。现在，eBay 每天会处理 100PB 以上的数据，这些数据可以反映出用户的购物行为，就像用摄像机观察每一个用户一样。

数据中不仅记录了用户的日常交易信息，还有用户的整个浏览过程，eBay 从这些数据中推断出用户可能的需求。除此之外，数据还能区别用户年龄、浏览时间、评论历史、所处地点等因素，基于这些因素，通过大数据模型进行匹配，最终分析出用户的真实需求，进行针对性的产品设计、更新和运营。

那么，企业应该如何利用大数据发掘用户的真实需求呢？

1. 发掘真实需求的关键在于要知道"用户缺什么"

需求的产生是因为"缺乏"，因为"缺"这样的"东西"，所以才会想要，而产品就是为了填补这样的空白。

技术的发展把每个用户都变成了移动的终端数据传感器，每分每秒都能创造数据。在这种情况下，用户的任何动作，包括买了什么东西，在哪里吃饭，甚至食材的产地，都可能被挖掘和分析出来，这些数据在产品设计过程中具有关键作用。

全球第二大食品企业卡夫，通过大数据分析工具抓取了 10 亿条社交网站的帖子、50 万条论坛讨论的内容，最后发现大家最关心的既不是口味，也不是包装，而是食品的各种吃法。在此基础上，卡夫总结出用户购买食品的三个关注点——健康、素食主义和安全，同时，发现孕妇对叶酸的特殊需求。针对这些信息，卡夫卡调整了食品的配方，打开了孕妇的市场，销售额大幅增加，甚至创造了历史纪录。

2. 通过大数据预测用户行为，发掘用户的真实需求

我们所做的各种预测，包括投资分析、球赛结果预测、奥斯卡奖项预测，都是建立在对过去数据的统计分析上的。如今，数据的存储越来越容易，储存量与储存时间都在不断增长，预测用户的下一步行为变得更加简单。

设计师需要做的就是站在用户的角度去发现问题，用心去倾听用户的声音，并分析核心需求，解决痛点，寻找一个中等偏上的场景。只要满足这 3 个要素，产品对用户一定最有价值；只有按照这一流程，产品才能够给用户带来惊喜，让用户感到疯狂。

4.1.3 设计规范：大数据让设计走向规范化

设计要规范化，具体包括目标、功能、指标、限制条件的技术描述，涉及用户体验、品牌、视觉等方面。设计规范一般分为 3 个层次：一是企业的设计规范；二是某类产品的设计规范；三是具体产品的设计规范。

下面以宜家为例对设计规范进行说明。每到一个地方，宜家会先对当地的文化、习俗、经济、消费习惯等进行全方位的学习和适应，从市场细分、目标市场选择到市场定位都有着清晰的思路，以及不同的营销方案。通过对中国市场及消费者的分析，宜家发现很多消费者都存在睡眠质量不好的问题，在此基础上，宜家主打改善睡眠质量策略，推出一系列床上用品。

随着城市人口的增加，人均居住面积下降，并且新技术不断出现并发展，消费者对家具的需求不再只追求单一的功能，例如，小会议桌通过推拉能变成大会

议桌；床能变成沙发等。这样的设计既能满足家具本身的功能，又能满足小户型消费者对空间的需求。

在宜家的所有商场中，每一件产品的陈列和搭配都经过了强大的数据分析，并且消费者的每一个动作都会被天花板上的各种设备清楚记录下来，作为产品设计规范与高质量销售的依据。从样板间到单品区，从风格各异的产品摆放到极具诱惑的定价，从标准化的家具样式到个性化定制，宜家在大数据的帮助下，以消费者为中心，改变原有的设计规范，设计出侧重点不同的产品，来全方位满足消费者的需求，使消费者快速找到心仪的产品。

那么，大数据如何实现产品设计的规范化呢？

1. 通过大数据，设计师能找到产品的核心用户，调整设计规范

之前，设计师会根据市场调查的结论，或者以往的相关记录，直接将某一类人群作为目标进行设计；现在，设计师可以通过大数据，在理性思考的基础上精准找到产品的目标用户，然后再对目标用户进行分析，确定设计规范。

以杯子为例，经过长时间的发展，杯子的市场已经基本饱和，无论是外观还是原材料，都有相似的指标与规范。但因为用户的需求出现了变化，90 后喜欢的杯子 85 后一定会喜欢，85 后喜欢的杯子却不怎么能被 90 后喜欢，所以设计师也要对设计进行优化和调整。

2. 用大数据建立模型

设计师在设计时一般都会想象出产品的雏形，而大数据则能给予设计师一些理性的建议，避免让感性占了上风，使产品同时具有感性和理性的特点。另外，很多设计师会追求设计的"完美"，但真正的产品并不能实现完美适配，也不一定能满足所有用户的要求。

因此，设计师要结合真实的数据来进行设计，直面现实问题，通过技术设置

设计规范，建立合理的产品模型，并不断进行调整，最终适用于大部分用户与市场要求。

对于设计师来说，利用大数据的第一步是数据采集，除了要采集用户的所有数据，如性别、地域、职业、消费等级、网页浏览行为、购买行为等，还要采集竞品的相关数据，如价格、回购率、好评率、使用感受等。

第二步是数据分析，给用户打上不同的标签和指数。标签指的是用户对该内容的兴趣、偏好、需求等，指数指的是用户的兴趣程度、需求程度、购买概率等。设计师既可以购买深度定制化的市场数据，也可以选择与大数据相关的第三方企业合作。

第三步是基于数据建立预测模型。预测市场销量、用户反馈及可能出现的问题，设置设计规范。

随着时代的不断发展，大数据已经成为提升设计精准度的重要手段，该项技术不仅可以为设计师提供符合用户需求的设计规范，还可以影响产品的销售和市场的运营。

4.2 智能制造与产品生产

面对以技术与信息产业驱动带来的新一代制造业升级的浪潮，通过模式创新、产业结构优化进一步推动制造业转型，增强竞争优势，势在必行。制造业是强国之本，而产品生产作为制造业的重要环节，同样非常关键。

制造企业应该与前沿技术结合，实现产品生产的优化，例如，精益化生产、立体化生产等。另外，结合自动化技术，提高生产效率；通过机器人实现 360 度全方位检测，也是生产过程中必须要经历的步骤。

结合自动化技术：提高生产效率

在智能制造中，自动化生产也是不得不说的一个课题，它不仅可以减轻工人的压力，还可以提高生产效率，保证产品质量。对于自动化生产，5G、云计算、大数据、人工智能等技术发挥了不可忽视的作用。

以 5G 为例，该技术在智能制造中的应用明显体现在自动化控制方面，倒立摆是其中一个极具代表性的案例。倒立摆应用虽然较为复杂，但是物理原理比较简单，主要为以一个支点支撑起物体，让物体保持一种平衡的状态，示意图如图 4-1 所示。

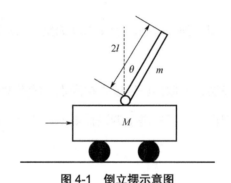

图 4-1　倒立摆示意图

倒立摆这种物理设备，通常包括一个圆柱形柱子（摆杆）和摆杆下放的支点，因为支点固定在移动的小车上，所以受小车影响，摆杆始终有向下落的趋势，保持不稳定的平衡状态。倒立摆根据摆杆数量不同，可分为一、二、三级，级数越多，想要维持稳定越困难。

倒立摆原理通常应用于机器人不同的姿态控制、航空飞船对接，以及制造应用等行业。实验结果表明，倒立摆在 4G 下运行时，由于 4G 的时延过长，其接受系统指令后执行延迟，从震荡到保持稳定的时间过长，达到 13 秒。然而，倒立摆在 5G 下运行时，由于 5G 时延仅有 1 毫秒，因此，能够快速对指令做出反应，从震荡到保持平稳只需要 4 秒。

由此可见，5G 低时延的特点能够在制造业的自动控制方面发挥巨大价值，进一步提高智能设备运行的效率和精准度。在实际应用中，自动化控制主要应用于工厂的基础设施建设，其核心技术是闭环控制系统，该系统主要通过传感器将信息传输到设备的执行器。

在闭环系统中，控制周期通常以毫秒为单位计算，所以通信工具的时延也要达到甚至低于毫秒级才能保证对智能设备的精准控制。不仅如此，闭环系统对智能设备的精准度要求也较高，因为时延过长会导致信息传输失败，甚至停机，给企业带来重大损失。

除此以外，大规模的自动化控制生产环节需要对控制器、传感器等智能设备进行无线连接传输，这也是智能制造应用系统中的重要内容。闭环控制系统对传感器控制数量、控制周期的时延和带宽都有不同要求，应用场景的经典数值如图 4-2 所示。

应用场景	传感器数量（个）	数据包大小（B）	闭环控制周期（ms）
打印控制	>100	20	<3
机械臂动作控制	~20	50	<5
打包控制	~50	40	<3

图 4-2 应用场景的经典数值

由此可见，闭环控制系统对于传感器数量、数据包大小和闭环控制周期的要求各有不同。从制造业的角度来看，智能制造在推动工厂的无线自动化控制上有以下 3 点优势。

1. 实现个性化生产

个性化生产逐渐引领当今消费潮流，其核心是满足用户对定制产品的需求。未来，柔性制造将成为企业的发展方向。柔性制造是一种自动化的生产模式，在较少人工干预的情况下，可以生产更多种类的产品，突破生产范围限制。当然，对新技术的要求也更高。

2. 工厂维护模式升级

大型生产通常需要跨地区维护和远程指导等。5G 能有效加快工厂的生产进度，降低成本。在未来的工厂中，每一个工人和工业机器人都会拥有自己的 IP 终端，工人和工业机器人之间可以进行信息交互。当设备发生故障时，工业机器人可自行修复，遇到疑难故障再通知专业技术人员修复，保证了工作效率。

3. 实现机器人管理

在 5G 覆盖工厂后，工业机器人还将参与管理层的工作，例如，通过对统计数据的精准计算，完成生产的决策和调配工作。工业机器人将成为工人的助手，协助工人完成高难度、易出错的工作。

自动化控制工厂无论在个性化生产、模式优化升级，还是机器人管理方面，都有明显优势，不仅能有效降低运营成本，还能优化运营效果。5G 及其他相关技术会将这种优势发挥到极致，推动智能制造的发展。

4.2.2 精益化生产：实时监控，不停歇

精益化生产的关键在于监控，这里所说的监控是实时的，并且不停歇。那么，智能工厂如何实现精益化生产的监控呢？智能工厂的监控参见图 4-3。

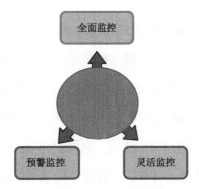

图4-3　智能工厂的监控

1. 全面监控

智能工厂中各个环节相互配合才能创造社会价值，同时，智能型的实时监控就可以对智能工厂这个复杂的混合体进行全方位掌握。当然，监控的难易程度有区别，例如，一般生产企业和高新技术企业（如航空航天）对监控的要求就不一样，但相同点都是要全面监控，加强可视化，对信息源也要监控的。

2. 预警监控

传统生产过程中，往往是出现错误结果后再去处理。而在这里能够实现预警功能，一旦预测到可能出现的错误，就在事情发生之前去处理。

3. 灵活监控

智能生产的要求非常复杂，监控也是处在动态波动中的，灵活监控需要适应实际变化。

（1）传统监控的弊端。

① 移动设备之间相对独立，很难及时准确获得任务信息，出现故障、物料短缺等问题时不能及时反馈，维护人员管理成本高。（但在智能工厂里，实时监控可以依靠嵌入式视频服务器，对画面场景中的人或物进行识别、判断和处理，并在某些特定条件下产生预警。）

② 以日常生活中最常见的摄像机监控为例，传统企业的监控系统在安防方面多是以安装摄像机为主，模拟视频监控技术，也就是前端摄像机的视频传输+DVR+矩阵，然后根据实际情况把 DVR 设备放到监控中心中。

③ 铜芯同轴线缆的传输距离为 300～500 米，如果企业或厂区比较大的话，摄像头线路的传输距离会超过 500 米的，这就需要增加信号中继设备或者安装多个监控中心，成本费用上升；如果工厂搬迁移址的话，还要重新挖沟布线，中心控制系统也要进行改进。

除此之外，时间长了以后，监控摄像的线路（如接头处）容易被氧化，从而导致信号不稳定，模拟信号在传输过程中容易受到强电流的干扰，监控画面质量下降。一旦出现意外情况，例如，线路被掐断，监控立即中止工作，根本不能及时反馈到底是哪个环节出现问题。可以说，无论是布线安装，还是日常维护，模拟视频监控技术越来越不能适应智能生产的要求。

（2）灵活监控的优点及实例

劳斯莱斯（Rolls-Royce）是世界顶级豪华轿车制造商。除轿车以外，在飞机发动机制造领域，劳斯莱斯也是世界上比较出色的代表。劳斯莱斯利用大数据，实时监控 3 万英尺（1 英尺=0.304 8 米）高空的飞机，飞机产生的数据会自动上传到位于英国德比郡的总控室。

作为全球大型引擎制造商，劳斯莱斯非常注重数据监控，所有的引擎都配备了大量的传感器，包括飞机引擎、直升机引擎和舰艇引擎。传感器采集各个部件、系统或子系统的数据，然后通过专门算法，将数据汇总到引擎健康模块的数据采集系统中。

振动频率、压力升降、温度变化、速度增减等这些微小细节都会通过卫星传送到负责数据分析的计算机中。一部引擎大概有 100 个传感器，即便飞机在超高速飞行的情况下，只要发现引擎有错误，马上就可以进行检测修复。

为了防止出现大的问题，或出现问题以后可以在第一时间修复，劳斯莱斯有一个 200 人的工程师团队来做保障后援工作，还有一个 160 人的团队全天候为全球 500 家航空企业进行故障处理和紧急服务。

大数据与实时监控相结合，一方面，可以让劳斯莱斯对故障进行预警和预判，提升专业服务水平；另一方面，还可以帮助航空企业及时有效地进行引擎维护检修。

在生产和产品日常运转中充分利用信息化技术，通过先进的监控手段对生产过程进行多维度管理，即使部分环节出现问题也可以立即处理，而不是全面关停设备，这样既能保证工作效率，又不耽误生产，一举两得。

德国弗朗霍夫协会，总部位于慕尼黑，是德国也是欧洲最大的应用科学研究机构，一直致力于面向工业的应用技术研究。这家科研机构开发了一个以温度传感器为基础的样机系统，可以对焊接过程进行实时监测，以电池供电能实现无线信号传输。

在焊接过程中，因为传感器没有被安装在炉内固定位置，而是跟随被焊接的装配组在焊接过程中一起移动，所以若某个传感器元件出现故障，则只需替换相关传感器即可。因此，该系统优于传统传感器，在维护或更换传感器时无须关停设备。

智能生产在监控方面的优势非常明显，特别是与大数据分析相结合以后，可以突破传统企业生产和维护的弊端。我国企业可以借鉴国外大型制造企业的优势，在智能制造到来之际，韬光养晦，厚积薄发。

4.2.3 立体化生产：3D 打印愈发火爆

3D 打印时代已经来临，目前全球 3D 打印市场被美国和欧洲所控制，日本不甘心这一局面，到目前为止已投入扶持资金超过 3 亿日元，同时力度还在成倍地加大，当然这样的举措很快就收到了成效。

日本 3D 打印机企业 Genkei 与东京艺术设计大学的学生联合打造了一台巨型 3D 打印机 "Magna"。Magna 主要被用于打印大型建筑组件、整体家具，以及小型 3D 打印机无法打印出来的产品。

Magna 采用大型铝合金框架和激光切割的不锈钢板，以减小振动电机对质量的影响，最大打印尺寸为直径 1.4 米、高 3 米（最高可达 5 米）。根据试验可以知道，这款 3D 打印机十分灵活，打印出来的产品也很细腻。

许多人对 3D 打印很好奇，那我们接下来看一下 3D 打印机的设计原理，如图 4-4 所示。

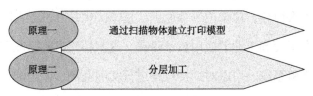

图 4-4　3D 打印机的设计原理

原理一：通过扫描物体建立打印模型

如果你要想打印自己的 "人像"，那就需要通过扫描，把你本人的身体数据都输入计算机中。这和二维扫描仪比较相像，当然设计难度不在一个层面上。3D 打印机由控制组件、机械组件、打印头、耗材和介质等组成，在打印前会在电脑上设计一个完整的三维立体模型，然后再进行输出。

原理二：分层加工

三维立体模型建立起来后，3D 打印机会在需要成型的区域喷洒一层特殊胶水，胶水液滴很小，且不易扩散。然后再喷洒一层均匀的粉末，粉末遇到胶水会迅速黏结固化，而没有胶水的区域则会保持松散状态。实体模型就在这一层胶水一层粉末的交替下被 "打印" 成型，打印完成后只需去除多余的松散粉末就可获得模型。最终需要打印的 3D 产品在分层加工中成型。

介绍完 3D 打印原理之后，我们来看一下应用实例。

在一次试验中，日本外科医生拿着一片柔软湿润的"肺叶"，"肺叶"上的"血管"和"肿瘤"清晰可见。当他用手术刀切割这片"肺叶"时，切口中流出了血液。而这个被切割的"肺叶"其实是用 3D 打印机打印出来的。

日本 Fasotec 是一家致力于 3D 打印技术的企业，此企业可以打印出肺等仿真人体器官，在试验用的尸体紧缺的情况下，对于实习医生来说，这是一个很好的替代品，可以使其更快捷、扎实地掌握实习内容。

这种替代品有一个专有的名字——"生物质地湿模型"。在 3D 打印出现之前，医学院校为实习医生提供的器官模型都很简单，无法模拟出手术时人体器官的真实反应。而 3D 打印通过细致地扫描真实器官，能打印出栩栩如生的器官模型。

在打印出"肺"的外壳后，3D 打印机还会为"肺"注入凝胶型合成树脂，还原"肺"的真实触感。每一片打印出的"肺"在质量和纹理上都接近真实的人体器官，这样医生在用手术刀切割时就能感受到真正的手术场景。

这种打印出的器官，除了能还原真实器官的触感，还能让医生看见器官流血时的情况。使用过这类模型的医生认为，模型与真实器官太像了，如果不仔细分辨，甚至会将模型当成真的。

3D 打印为医学提供了无限可能性，甚至在未来，3D 打印可以应用于器官移植，为更多患者带去希望。东京大学医学系附属医院利用 3D 打印机和基因工程学技术，成功研发出了短时间内可批量生产的能够移植给人体的皮肤、骨骼和关节等人体组织。

未来 5 年内，日本政府将出资 25 亿日元援助 5 个科研组织，开发生物领域的 3D 打印技术。有了如此雄厚的资金支持，大阪大学等研究团队将在 3D 生物打印领域实现进一步的突破。

日本通过学术界、高等院校、政府、企业的联合，慢慢实现了 3D 打印在医疗、工业、建筑、航空等领域的应用。同时这也是智能制造时代的产物，因为只有技术才能让 3D 打印实现最终的飞越。

4.2.4 产品优化：机器人 360 度全方位检测

为了加强生产管理，实现产品优化，智能工厂里的检测需要 360 度无死角，而目前能实现这种效果的就是直角坐标机器人。直角坐标机器人 (Cartesian Robot)是一种以数学中的 XYZ 直角坐标系统为模型的操作机，以控制器为核心，其特点是灵活度高、自由度高、多功能、多用途、高效率。

在所有机器人中，直角坐标机器人是比较简单的一类，因成本低、可长期使用等优势而被广泛用于各种工业生产领域，如搬运、印刷、上下料等。相关数据显示，中国工业机器人市场中，直角坐标机器人的占比高达 40%。

在工业应用方面，直角坐标机器人可以对设备进行 360 度无死角、无损伤性检测。在工业检测中，某些设备对检测要求非常高，如在航空航天领域。直角坐标机器人可以配合超声波扫描仪，对设备进行从上到下、从里到外 360 度的无损探伤检测，而且扫描密度均匀、精密。

另外，在视觉检测方面，直角坐标机器人同样具有出色表现。具体来说，将直角坐标机器人作为辅助设备带入被检测设备中，成为自动化检测的一部分，充分提升检测的精确度。

4.3　智能制造与产品把控

如果制造企业想生产受用户欢迎的高质量产品，除了要在产品设计和生产上下功夫，还要做好产品质量把控。那么，制造企业应该如何做好产品质量把控呢？首先，智能生产，满足个性化需求；其次，实现可视化，让用户体验生产全流程；最后，综合监控，优化产品性能。

4.3.1　产品可定制：智能生产，满足个性化需求

智能产品的一个关键要素是定制化。顾名思义，定制化是指有针对性地为用户提供极具个性的产品。无论企业做什么类型的产品，要想在智能制造时代获得成功，都要先问自己这样一个问题："你的用户觉得有没有用？"如果只是企业觉得产品好，用户不喜欢、不使用、不买单，那也只是"图热闹"，浪费时间、精力和金钱。

很多人说技术的出现是颠覆性的，不仅颠覆了传统的零售业、金融业，甚至是吃饭、出行、看电影等休闲娱乐版块也被技术占据。技术之所以能呈现出如此强大的颠覆能力，正是因为它不断融入传统行业中，并对其进行改造。

企业圈定了自己的目标用户，进行有效的关联性分析，根据用户需求进行产品的定制。只有这样，企业将产品推送到目标用户面前时，用户才会产生"瞌睡遇着枕头"的感觉，这种"懂我"的舒心体验会让用户产生强烈的购买冲动。

"双 11"电商节，每年都有巨大的成交额，这其中女性无疑是功不可没的。消费体验时代，女性更懂得怎么服务、理解、支持别人，这是她们身上独一无二的特质。而这种能力，是制造企业所应该具备的。

那么，企业为什么要为用户提供定制化产品呢？原因有两点，如图 4-5 所示。

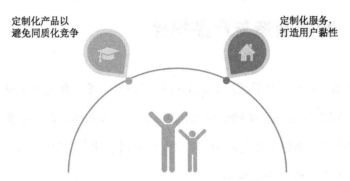

定制化产品以
避免同质化竞争

定制化服务，
打造用户黏性

图 4-5 为用户提供定制化产品的原因

1．定制化产品以避免同质化竞争

目前大部分行业所提供的产品都已趋饱和，由"卖方市场"进入"买方市场"，用户早已习惯了货比三家的消费模式。经济的发展并没有带来企业创新能力的大幅度增长，这表现在两个方面：一是市场中充斥着大量的"山寨品"；二是产品性能、功效等方面上的相似性。

"山寨品"的盛行，导致了市场上的同质化竞争严重，以手机为例，苹果开启了刘海屏与竖置双摄像的时代，这种造型即便被用户各种吐槽。不说别的，就造型而言，目前市面上的手机都差不多，很少会有独特之处，这大大加剧了同质化竞争。

除此之外，山寨品的出现同样使得企业的同质化竞争加剧。山寨品除了外观，性能不值一提。为了解决竞争激烈的问题，很多品牌都选择了"价格战"，毕竟大家的产品几乎都一样，用户买这个也行，买那个也行，想要用户选择自己，自然需要通过价格取胜。

智能制造时代，信息更加公开透明，传播速度也在不断加快。电商平台的蓬勃发展，带来的是用户选择的多样化，"货比三家"已经成为过去，"货比三百家"

才是如今的现状。因此，企业必须思考自身的情况，看看自己是否陷入了同质化竞争，如果是的话，最明智的选择就是创新，生产个性化的产品供用户选择。

2. 定制化服务，打造用户黏性

用户之所以是"上帝"，是因为企业需要用户带来的利润，但用户并不一定只需要某家企业来满足需求。因此，企业不能只注重产品的定制化，更应该关注自己所提供的服务。

产品的定制化及个性化营销，可以帮助企业精准快速地为用户推送产品。但当大家都采取个性化策略时，由此带来的竞争力就相当于没有，所以企业要从服务着手。

在技术当道的时代，仅关注用户的物质需求，能帮助企业获得一定的优势，但也很容易被同行模仿。而优质的服务却不是每个企业都能提供的。例如海底捞，它之所以能够迅速从众多火锅品牌中脱颖而出，是因为其提供的是真正"用户至上"的服务。

模仿海底捞的火锅品牌很多，真正成功的却很少。这其中有两个原因，一是海底捞的服务文化是经过长时间积累形成的，速成只能学到皮毛；二是海底捞的用户对海底捞品牌已经形成了黏性，很难再接受其他火锅品牌。

每个用户对服务都有不同的需求，有人偏重于速度，有人偏重于效率，有人偏重于态度。对于不同的产品、不同的用户，企业需要挖掘他们的个性化需求，给予其满足，从而扩大企业的影响力。

4.3.2 产品可视化：用户体验生产全流程

海尔过去使用"大规模制造"模式抢占市场，例如你去商场或逛网站时，总会发现大量的海尔产品，如冰箱、空调、洗衣机、热水器、冷柜等。不过这些产品是批量生产出来的，所有的都是同一规格，哪怕用户并不喜欢。

不过现在，海尔开始了"大规模定制"模式，这一改变使得生产线上的每一台产品都会对应唯一的用户。为此，海尔建立了自己的计算机系统，充分满足工厂与用户的互动，例如，面向普通用户定制的众创汇、面向研发资源的开放创新平台、面向模块商的海达源，这些网站网址独立，但信息共享，登录后可以随时查看。

海尔的第一个互连工厂是沈阳冰箱工厂，由 60 多个机器人、1 200 多个传感器、485 个芯片组成。这个小规模的工厂可以在生产 3 000 台左右的定制定单情况下不亏损，因为传统的生产线都设置最小生产规模，一旦生产数量过少，就导致大量的人力、物力成本浪费。显然，在这一点上，沈阳冰箱工厂拥有很大的优势。

为了实现可视化生产，沈阳冰箱工厂将 100 多米的传统生产线改装成 4 条 18 米长的智能化生产线，这一改进可以实现超过 500 个型号的大规模生产，以满足用户的需求。用户可以按照自己的偏好和需求定制冰箱的款式、颜色、性能、结构等。

此外，用户可以在手机 App 上实时了解自己定制的产品状态，并进行可视化操作。例如，生产到了哪一个工序、有没有包装、什时候出厂等。

由于海尔巨大的规模优势，海尔佛山滚筒工厂、海尔郑州空调工厂、胶南热水器工厂也相继建成，并投入使用。事实上，海尔在 2012 年就已经在探索互连工厂的实践，致力于打造出设计、制造、配送等环节全部按需进行的生产体系，以帮助企业从大规模制造向个性化定制转型。

根据这一目标，海尔从以工厂为主的平台转为以用户为主的平台，通过个性化、可视化设计连接用户，为用户提供极致的体验。此外，海尔还对管理层进行了解构，将原来 8 万名中层管理人员变为 2 000 个自主经营体。这样一来每个员工都可以说是在创业，他们共同构成了一个生态系统。就像一片森林，虽然森林里的树有生有死，但整个森林却是生生不息的。

海尔的这种模式属于小微企业模式，使每个小的自主经营体都有足够的权力，当然也负有一定的义务。管理层的剥离，使海尔员工间不再是领导与下属的关系，而是合作伙伴。如今，海尔只有三种人：平台主、小微主、创客。

以创客为例，海尔旗下有一个名为雷神的小微科技企业，由三位年轻的"85后"共同建立。其中，这三位创始人占股 25%，海尔占股 75%。这家小微科技企业以其出色的创意为海尔贡献了近 10 亿元的收益。

由此看来，海尔在谋划一个更大的局——"孵化平台"，这种开放性吸引了大批创客加入，这些创客有时带着很好的创业项目，通过提供资源、引入风投等方式，很快展现出巨大的市场爆发力。现在，海尔的"孵化平台"共吸引了平台主、小微主和创客 6 万多人，像雷神一样的小微科技企业达 200 多个，已诞生了 470个项目，汇聚了 1 322 家风投。

通过分析海尔的模式可以发现，传统的企业多为链条式紧密结构，一旦一个链接断裂，整个链条都会受到影响。而现在这种模式看起来像松散有序的联合体，即使一个个体脱离或死掉了，并不影响其他个体的生存。对于海尔来说，这既是一种鞭策，又是转型升级的绝佳机遇。

4.3.3 产品高质量：综合监控，优化产品性能

所有用户都喜欢高质量的产品，企业也在质量提升上下了不少功夫，在智能制造时代，通过技术做好监控和预测是保证产品质量的重要因素，具体可以从以下 5 个方面说明：

（1）物料质量监控，即主动分析物料的情况，及早预警；

（2）设备异常监控与预测，一旦设备出现问题，工程师可以及时执行解决方案；

（3）零件生命周期预测，在需要更换零件时提出建议，既保证质量，又控制成本；

（4）生产过程监控，提前发出警报，保证生产处在最佳黄金区间；

（5）良品率分析，结合相关历史信息，预测良品率。

汽车有一个与引擎结合的引擎上盖，以往汽车企业要等引擎上盖组装完成后才能确定引擎是否可以使用，如果不能使用，那只能报废整个引擎。而应用大数据分析以后，在生产线上就可以对引擎上盖做实时监控与分析，然后根据结果决定是否要进入下一个环节。

通过大数据分析，宝马在短短 12 周的时间内就降低了 80% 的报废率，这样既可以降低成本，缩短生产周期，又可以实现效率最大化。除宝马外，在技术应用方面，全球知名的通用电气也有独特优势，特别是利用 Predix 平台对发动机进行处理。

通用电气的技术尤为优良，产品品种丰富，而且还是大型的军火承包商。总体来说，通用电气涉及的领域非常广泛，产品线众多。为了迎合"再工业化"的国家战略，顺应智能制造的发展大趋势，通用电气在智能生产方面进行研究和创新。

Predix 是通用电气推出的一款最新的工业互联网软件产品，也是通用电气主推的新型软件操作平台。Predix 可以对机器进行数据分析、预测、诊断等，其最大的特点是可以在云环境中与各种应用和服务无缝链接。简单来说，Predix 像一款制造领域的云应用，专门进行工业数据分析开发，监控设备状态，动态捕捉数据，让数据分析更精准，效率更高。

例如，之前某发动机传输的数据包里有 280 个飞行参数，而新型发动机的数据包里将有超过 470 个飞行参数。一般来说，飞行参数越多，产品越细致，地勤系统更容易判断发动机的工作状态和可能出现的问题。

在运用 Predix 之前，通用电气主要依靠的是工程师团队。虽然工程师有丰富的经验，可以判断并处理问题，但很难做到对一系列复杂数据进行快速预测，毕竟只根据从不同发动机传来的数据进而对整体机队作出判断不是一件容易的事情。

Predix 可以在多重变量状态下进行数据判断。例如，一台是在干旱条件下运转的发动机，另一台是在正常环境下工作的发动机，两者的参数基准肯定不同。对这些影响因素，Predix 平台都能归入分析范围，并对每一台发动机做出具体分析，适时调整警告信息。

现在，Predix 已经开始处理上亿个数据，这些数据是通用电气规模庞大的发动机机队产生的。规模庞大的发动机机队会产生上亿个数据，Predix 能够准确应对。此外，Predix 还针对数据异常程度划分警告等级。对于警告等级，Predix 只有两种状态，一个是没有任何处理动态，另一个就是发出用户通知记录单（CNR）。

早前，Predix 发出的 9 000 份 CNR，有 86% 都是准确的，这就意味着近九成的 CNR 都是关注重点。在 Predix 中，虽然 CNR 的数量在增加，但虚警率却在下降，这意味着平台利用预测发现了更多的问题，从而避免了一部分风险和损失。

现在，Predix 的工作重点是大数据分析，即针对结果发出警告等级。未来，Predix 会向在线实时分析方向发展，难点在于网络宽带问题，导致只能在发动机结束工作后才能下载数据，而且多数是超出正常范围外系统才会记录的。

另外，在商用方面，通用电气已经宣布向所有企业开放 Predix，意图使 Predix

成为工业互联网的行业标准，目前来看，Predix 的前景非常广阔。数据不是独立运作的，只有一堆数字是没有任何商业价值的，Predix 挖掘出了隐藏在数据"冰山"下的"大宝藏"。

与之前不同，智能工厂不再是一种愿景性概念，而是已经进入大规模盈利阶段，技术支撑下的工业应用实例也开始显示其巨大的能量和优势。

对制造企业来说，拥有丰富的资源进行大规模的探索性试验，占领行业的先锋位置并不简单。但应该知道的是，智能制造是必然趋势，主动求变才能在时代浪潮中出奇制胜。

第 **5** 章
智能制造与物流智能化

在中国，物流成本所占 GDP 的比重依然较高，甚至超越了全球平均水平。随着新一代技术的逐步应用和成熟，物流业也迎来了更大的机遇与变革，全覆盖、广连接的智慧物流体系正在迅速形成，成为制造业升级的推手，驱动智能制造的实现。

5.1 传统制造业物流之殇

从 2010 年开始，中国社会物流总额就在不断提高。相关数据显示，2018 年，中国社会物流总额为 283.1 万亿元，按可比价格计算，同比增长 6.4%；社会物流总费用为 13.3 万亿元，同比增长 9.8%。可见，中国的物流业还是呈现出一片繁荣的景象。

但在这种繁荣的景象背后，还有不得不提的传统制造业下的物流之殇，具体包括物流活动分散，运作效率低下；供应链难以协同，不利于可持续发展；物流管理亟待加强，信息化程度低。因此，各大制造企业的当务之急就是，实现物流智能化，重构整个物流产业链，完成降本增效，进而有力推动中国制造强国战略快速落地与企业的转型升级。

5.1.1 物流活动分散，运作效率低下

物流有"企业的第三利润源泉"之称。如今，因为对货期期限、运输质量、服务水平等方面的要求进一步严苛，物流也逐渐成为了企业增强竞争优势的关键。

自物流业在中国形成并发展以来，大部分企业对其作用的认识和了解依旧很有限，管理观念也十分落后。20 世纪 80 年代以前，企业的采购、运输、仓储等工作分散在各个部门，由各个部门分别管理，各项流程相互独立，导致无法正确把握和控制物流成本。

随着企业对物流作用认识和了解的加深，出现部分功能的集成管理，物流活动被分别集中到原材料管理和分销管理这两大管理职能中，分别负责企业的流入物流和流出物流。这种方式虽然使物流成本变得清晰，但企业的全部物流活动并未被统一起来，物流与生产部门、销售部门缺乏沟通和联系，缺少相互协调和配合，管理依旧混乱，运作效率低下。

智能制造时代，物流业必须能打破传统的分项式管理，将企业内的所有环节综合起来考虑。从原材料采购到产品的交付，整个过程应该是一个整体，企业必须寻求各项功能的最优组合，真正让自己从物流中受益。

海尔现在每个月平均可以接上万个订单，需要采购的原材料达 26 万余种。面对这种复杂的情况，海尔物流依旧很快速，相比之前，呆滞物资降低了 73.8%，仓库面积减少了 50%，库存资金减少了 67%。海尔国际物流中心的面积只有 7 200 平方米，但吞吐量相当于普通平面仓库的 30 万平方米。

海尔是如何实现业务统一营销、采购、结算，并利用全球供应链资源搭建起

全球采购配送网络的？这归功于海尔物流管理的"一流三网"。"一流"指的是订单信息流；"三网"指的是全球供应链资源网络、计算机信息网络和全球配送资源网络。"三网"的联合，可以有效帮助订单信息流增值。

得益于物流技术和计算机信息管理的支持，海尔通过 3 个 JIT（JIT 采购、JIT 配送和 JIT 分拨物流），实现了物流同步管理。所有的供应商都可以通过海尔的 BBP 采购平台接受订单，使得原有的下单周期从 7 天缩短到 1 小时，准确率提升至了 100%。除此之外，供应商在网上就能查询库存、配额、价格等信息，及时补充缺货。

海尔对自己的物流体系进行了全面改革，从最基本的物流容器单元化、标准化、集装化、通用化，到原材料运输机械化，再逐步到工厂的定点配送，库存资金的周转时间从原来的 30 天减少到 12 天，达成了 JIT 过站式物流管理。

按照 B2B、B2C 订单需求，生产部门制作完成后，由海尔的配送网络将产品送到用户手中。海尔的配送网络进一步扩大，无论是城市还是农村，沿海还是内地，国内还是国际，海尔都能送达。海尔在中国有 1.6 万辆车辆用于配送，物流中心城市只需 6~8 小时即可送达，区域配送也只需 24 小时，全国主干线平均 4.5 天送达，是现在全国较大的分拨物流体系。

网络将企业外部、海尔 CRM 和 BBP 电子商务平台关联在一起，架起了一座沟通全球用户、全球供应链的桥梁，实现企业与用户的零距离接触。

海尔的"一流三网"为其他企业提供了良好的示范作用，解决物流活动分散问题要做到物流一体化，加强物流活动之间的联系与合作，将市场、分销网络、生产过程和采购活动联系起来，统一进行管理，提高运作效率。

物流一体化管理便于产销关系的重建，生产和流通二者相结合形成了利益共同体，从根本上激发了物流参与生产的积极性。另外，组织规模流通推动生产，形成了物流对生产的引导地位。

5.1.2 供应链难以协同，不利于可持续发展

物流的供应链由原材料供应商、制造商、分销商、零售商、物流服务提供商等共同组成，大致分为三个部分：采购，生产，市场营销。这三个部分相互影响，市场营销引导采购方向，采购同时兼顾生产中的质量控制。

多数情况下，供应链由制造商主宰，但制造商很少会把"双赢"当做目标。所以现在的供应链关系主要是竞争，很少存在合作，这对供应链的可持续发展来说是非常不利的。举例来说，制造商只利用竞争性招标的方式获得运输、仓储等服务，那么物流服务提供商就只能通过降低报价这样被动的方式获得订单，最终运输价格、仓储价格的降低，带来的却是供应链成本的提高，供应链的合作与协同关系并没有建立。

中国的物流业，除了快递这个细分领域，其他领域均与世界物流强国存在很大差距。例如，美国前十大物流企业的市场占有率接近 60%；而中国前十大物流企业的市场占有率只有 5%，整个行业的基础相对薄弱，很多资源还未得到有效整合，供应链难以协同，不利于可持续发展。

那么，应该如何协调供应链助力中国物流业的转型升级呢？海南航空给出的答案是技术赋能，要利用技术的力量，打造一个新型的物流 4.0 平台，让物流真正"现代"起来。

海南航空的现代物流企业旗下有航空运输、机场管理、仓储投资、物流金服和智慧物流五大业务板块。通过打造"三网"（天网+地网+数字网）来实现现代物流管理。

"天网"的核心资源是旗下的航空货运业态，覆盖了金鹏航空、天津货航（筹）等多家货运航空企业，拥有货机 30 余架，还掌控着海南航空旗下近 800 架客机的腹舱运力资源。

"地网"同样具备核心竞争优势，海南航空旗下的机场管理业态和仓储投资业态都是行业翘楚，目前管理着国内外共 16 家机场，还提供世界最大的机场地面服务。

"数字网"是云商智慧物流打造的海平线，链接"天网"和"地网"，是海南航空现代物流未来竞争力的关键所在。

海南航空正式发布的物流 4.0 平台是一个数字供应链平台。该平台通过整合海南航空旗下的"三网"，引入外部合作伙伴，贯通从生产端、供应端到商家、用户的整个物流环节。因此，只要用户提出最终需求，所有工作就可以由服务方处理，并一站式完成，同时还可以汇聚各业态数据，整合商流、物流、资金流、数据流，进而提升整个供应链的运营效率。

另外，在物流 4.0 平台上，供应链可以实现有效协同。以进口水果为例，从原产地到消费者手中，需要历经采摘、支付、航空运输、清关、冷链运输、保险理赔等过程，以往用户需要自己发起并处理每个环节，但现在通过物流 4.0 平台及其产品组合，就可以省去中间环节，把水果快速送到用户手中。

物流 4.0 平台以供应链为中心，针对供应链的不同场景延伸了智慧口岸、供应链金融、供应链云、综合支付系统等业务，以实现更高阶的智慧物流服务。

可以看到，海南航空的物流 4.0 平台从生产端就开始对产品进行整合，将所有的环节放在同一条供应链上，包括原材料供应、生产、仓储、运输、配送等，这对很多传统物流企业而言，能起到很好的示范作用。

供应链难以协同，不利于可持续发展，解决这一问题的关键是充分利用供应链的特点，综合各种物流手段，让产品多产生有效移动。这样可以保证运营供应链的资源充足，同时可以降低总物流成本，使整体效益提高。

5.1.3 物流管理亟待加强，信息化程度低

随着技术的快速升级和大范围运用，物流信息化取得了一定程度的进步，但因为中国物流业起步较晚，发展过程中存在一些问题，所以很多企业还是倾向于人工管理物流，虽然也有一些企业选择用计算机管理，但大多不成体系。物流管理没有形成体系，也没有形成网络，最终使得信息流通不畅，无法让物流便捷化。

在现代物流中，信息是关键。信息在物流系统中快速、准确和实时的流动，可以帮助企业对市场变化迅速做出反应，进而实现商流、信息流、资金流的良性循环。而现代物流在技术的推动下，变得更加复杂和烦琐，企业要想组织、控制和协调这一活动，就必须获取信息。

中国物资储运协会调查了 200 多家物流服务企业，其中，物流企业能提供的综合性全程物流服务只占总需求的 5%；而 61% 物流企业甚至完全没有信息系统的支持；拥有仓储管理、库存管理、运输管理的企业分别只占 38%、31%、27%。

为什么物流企业信息化程度低，物流管理手段落后？有以下几点原因，如图 5-1 所示。

1. 区域差距

物流企业信息化存在明显的区域发展不平衡问题。沿海地区一线城市因需求巨大，所以相关技术也发展迅速，信息产业有着较为明显的优势；而中西部地区的需求量小，导致技术落后，造成信息产业的发展缓慢。

2. 管理体制不合理

物流是一个跨部门、跨领域的复合型行业，涉及铁路、公路、水路和空运等多种运输方式，但很多企业的物流职能分散，中间环节过多，各部门之间缺少有效沟通与协调，各自为政。另外，企业对物流管理的作用认识不够全面和深刻，也弱化了物流管理在降低企业生产经营成本中的作用。

图 5-1　物流企业信息化程度低和物流管理手段落后的原因

3．缺少专业人才

信息化离不开前沿技术与专业人才的支持。物流涉及多领域的知识，这就需要物流管理人员不仅是一个"专家"，还是一个"通才"，既精通物流管理的方法，又具备整个流程的综合知识。

4．物流基础设施薄弱

我国的大型运输中转站发展较慢，缺少服务于区域物流基地、物流中心等现代化设施。而且，不同的运输方式也没有实现合作无间，使得各自的优势无法充分发挥。

5．安全程度低

随着新技术的迅猛发展，网络安全又成为了新的问题。这个问题贯穿于企业信息化的整个过程，是信息化的破坏因素。

那么，如何做才能消除上述痛点，加强物流管理，提升信息化程度呢？

首先，健全物流信息化标准。改进管理方式，修改和完善不适应物流业发展的规定，建立一体化的物流信息系统，及时自动地更新数据，提高物流作业过程的透明性和时效性。

其次，开发并引入前沿物流信息技术和设备。企业应借鉴成功企业的经验，学习前沿技术，提高自己的研发能力，从而进一步提升和完善物流运营的效率，加快物流信息化进程。

再次，重视物流公共信息平台建设。合理优化公共平台系统，加大资源整合力度，通过不断实践，提高服务质量，发挥整体优势，从根本上改变物流信息化落后的现状。

最后，培养高素质的专业性物流人才。除了加强在学校的相关教育，还要加强对现有在职人员的培训，先进的物流理念、运作方式和管理规范是培训的重点。物流信息化的快速发展，有利于提升管理手段，进而实现整体服务水平的提升。

5.2　智慧物流推动制造业升级

如今，物流业与技术的融合不断加深，智慧物流成为推动物流业发展的新动力。智慧物流不仅为"技术+先进制造业"提供现代化运输支撑，还优化供应链体系，助力智能制造的发展，提高企业的核心竞争力。

随着智慧物流的普及，物流业的仓储、运输、配送、信息服务等多种功能逐渐成为一个整体，流程之间的壁垒被打破，推动了社会资源的优化配置。原本分散的资源被整合在一起，拥有了更大的价值，传统物流业也因此离现代化更近了一步。

5.2.1 物联网：实现物流系统的智能流动

简单来说，物联网就是"物物相连的互联网"，即借助各类传感装置、视频识别、红外感应、定位系统等信息传感技术，实现物品与物品的相互连接，最终将全过程透明化。

在物流业中，物联网主要应用于以下三大领域。

1. 货物仓储

传统仓储中扫描货物、输入数据等工作都需要人工来完成，因此经常出现货物位置划分不清、堆放混乱，流程跟踪不及时等问题，造成工作效率很低。而将物联网应用于仓储工作可以有效提高货物的进出效率、减少人工成本，同时还能对进出货物实时监控，进一步提高交货准确率，及时完成收货入库、拣货出库等工作。

基于声、光、移动计算等先进技术，建立的自动化的物流配送中心，让区域内物流作业都实现了自动化操作。

2. 运输监测

通过全球定位系统进行智能配送的可视化管理，可以实现对运输货物及车辆的实时监控，以及全方位的定位和跟踪，随时监测货物的状态。在货物运输过程中，企业应当灵活把握货物、司机及车辆的信息，以提高运输效率，降低运输成本与货物损耗，实现物流作业的透明化、可视化管理。

3. 智能快递终端

智能快递柜是物联网在智能快递终端的应用。智能快递柜与 PC 服务器构成了智能快递投递系统，智能快递柜负责识别、存储、监控和管理货物，PC 服务

器负责处理数据，并实时在后台更新，这样就可以在最短的时间内进行快递查询、快递调配及快递终端维护等。

当货物存入智能快递柜后，智能系统会为用户发送短信，告知其取件地址及验证码，用户可以在 24 小时内的任意时间去取货。同时，射频识别等技术可以建立起产品智能可追溯网络系统，例如，食品的可追溯系统、药品的可追溯系统等，这些可追溯系统保证了食品、药品的安全。

在对 12 个射频识别试点和 12 个不采用射频识别的商店进行 29 周的研究后发现，实施射频识别计划可以有效降低缺货率和库存量。相关数据显示，在补货速度方面，贴有电子标签的货物要比应用条形码的货物快 3 倍。

沃尔玛对射频识别的应用，是物联网的另一种表现。物联网以后的发展，是要集成物流、运输、仓储，交通等多个领域，同时还要改变空运、海运、陆运等运输方式，更关键的是，要让与生产和物流有关的制造企业受益。

智慧物流体系既保证了物流的效率；又保证了产品的质量。产品流通环节的有序和可追溯，保障了消费者权益。未来只要与制造业相关的，如汽车、家电、服饰、食物等，都能通过物联网进行识别、标识、跟踪、监控，以保证物流在合规合法、高质量、有效的环境里面高效率运转。

现代物流业的发展以技术变革为基础，物联网作为技术变革的核心之一，将全方位影响物流业，例如，物流配送网络智能化、物流运输的透明化、与物流管理的实时化等。这一系列变革带来的是整个制造业的转型升级。

5.2.2 ITS：提高产品运输的效率及安全性

ITS 是智能交通系统（Intelligent Transportation System）的简称，是未来交通系统的发展方向。在智慧物流的背景下，企业需要将先进的控制、数据传输、电子传感等技术有效应用在整个交通运输管理系统中。

ITS 充分利用现有交通设施，对降低交通负荷、减少环境污染和提高运输效率等都有一定帮助。借助这个系统，企业可以对道路、车辆的行踪进行有效管理。

ITS 在物流中的应用主要是货物运输和配送两方面，通过提高运输效率和安全性优化物流服务。将 ITS 与现代物流结合，既有利于减少空载率，实现物流运输的畅通，又可以提高路网的通行能力。

ITS 对现代物流的作用，具体如图 5-2 所示。

减少交通拥堵　　　提高物流效率　　　全程监控，提高物流安全性　　提高物流系统的敏捷性

图 5-2　ITS 对现代物流的作用

1. 减少交通拥堵

在物流的运输和配送过程中，由于司机不能实时获得交通拥堵、交通事故等路况信息，导致货物运输的时间比预计要长，最终导致物流成本上升，服务水平难以提升。司机通过 ITS 获得实时的路况信息，就能避开拥堵路段，尽快完成运输任务，减少延时带来的成本增加。

2. 提高物流效率

物流管理者使用 ITS，可以实现对运输车辆的实时调度，甚至可以根据货物配载系统提供的信息为在途车辆提供货源，在消耗最低的情况下尽可能提高物流效率。

3. 全程监控，提高物流安全性

物流管理者利用 ITS 对车辆进行跟踪和定位，可以实现物流可视化，保证

在途货物的安全。此外，当在途货物出现意外时，物流管理者可以根据实时信息迅速反应，降低物流损失。

4. 提高物流系统的敏捷性

随着用户需求逐渐趋于个性化和多样化，物流也因此有了新的要求。例如，多品种、小批量、多批次的物流服务成为用户的新需求，这要求企业要有灵活的服务体系，可以为用户提供定制化服务。

目前 ITS 在物流体系中的运用还存在一些问题，必须尽快解决。

首先，我国关于 ITS 的基础设施建设不足。想要 ITS 充分发挥作用，需要以完善的道路基础设施为依托。发达国家在高速公路网和城市基础设施建设上，要比我国进步很多，因此，必须以国情为依据，引进和开发 ITS 和相关产品。

其次，信息化和标准化程度低。从技术层面上看，ITS 物流系统由 ITS 物流信息采集、物流状态监测、物流控制、物流信息发布和通信五个系统组成，信息化和标准化程度比较低。

最后，缺乏实用型的 ITS 人才。ITS 是一种集交通、计算机、通信等学科为一体的边缘学科，我国关于这方面的研究多以理论为主，很少涉及实践领域，以至于物流业急需这方面的应用型人才。

现今，各大企业都在积极探索各种高科技手段，提升物流服务水平。ITS 的先进技术为运输车辆提供实时道路状况信息，调度车辆，保证整个运输过程的正常运转，实时跟踪和监控，使货物的安全得到保障，让用户可以及时查看物流信息。通过该系统，企业可以随时调整运输计划，增强自身对货物的把控能力，更利于实现现代物流。

5.2.3 GPS：实时追踪产品的位置和动态

GPS 是全球卫星定位系统（Global Positioning System）的简称，该技术利用通信卫星、地面控制和信号接收机对人和物进行动态定位，具有全球全天候工作、定位精度高、功能多、应用广的特点，可以提供实时的三维位置、三维速度和精准时间，而且不受天气的影响。

GPS 由空间卫星系统、地面监控系统、用户接收系统三大子系统构成。通过 GPS，企业可以实时定位运输中的车辆、即时管理和调度。利用 GPS，在全球范围内进行低成本、高精度的三维位置、速度和精确定时的导航，可以大大提高智慧物流体系的信息化水平，有力地推动制造业的发展。

相关数据显示，上海市目前有近 5 万辆出租车，这些出租车的行驶里程占所有机动车辆行驶里程的 36%。但其中，有一半出租车处于空载状态。为改变这一现状，知名汽车品牌大众率先在出租车上安装了 GPS，并很快将这个系统推广到全国的出租车上。

安装了 GPS 的出租车已经能做到"快速反应"，而且无论出租车在什么地方、行驶速度是多少、发生什么突发情况，管理人员都可以清晰地在调度监控中心的电子地图上看到，这样既能保障司机的安全，也能实时监控司机，保证乘客的安全。另外，通过 GPS，每辆出租车每月可减少 1 000 多元汽油费，全部出租车每年就可节约 5 亿多元汽油费。这不但有利于减少尾气排放量，缓解上海市的交通压力，更有利于改善环境状况。

随着信息时代的来临，电商行业日益发展壮大，货物运输量与日俱增，为了保证服务质量，企业必须提升对车辆的调度能力。传统交通管理使用的无线电通信设备需由调度中心向司机发出指令，司机再自行判断位置然后报告给调度中心，

但当司机行驶到陌生地带时，则无法进行准确定位。

从调度管理和安全管理方面来看，车辆、轮船等交通工具可以使用 GPS 进行实时的导航定位。而车载 GPS 接收器则能帮助司机随时知道自己的具体位置，得到该点详细的经纬度坐标、速度、时间等信息，以指示出正确的行驶路线。

GPS 在物流中的作用有以下几点。

（1）车辆跟踪调度。GPS 搭建了一条从车辆到物流中心的信息传递通道。物流中心可以随时掌握车辆动态、锁定车辆位置、远程调度车辆，同时为车辆提供服务信息。

（2）实时调度。通过 GPS 随时了解车辆的实时位置，并查询车辆当时的状态，如运行方向、任务执行情况等。物流中心接到需求后，根据货物送达地点，自动查询可供调用车辆，并以最快的速度调度车辆，将用户的位置信息实时通知附近的空载车辆，这样可以节省时间、提高效率、迅速选择合理的物流路线、合理配置资源。

（3）报警。物流中心可以设定车辆的运行线路和界限，当车辆超出界限时，将立即发出车辆越界警报。当运输途中遇到突发事件时，司机可以按下紧急呼叫按钮向物流中心求助，物流中心接到报警后，会立即开启自动记录与自动录音功能，并给予援助。

（4）用户服务功能。在运输过程中，用户能随时了解货物的状态，还可以及时获得车辆地理位置、路线规划等信息。

通过 GPS，货物与司机的安全都有了更高程度的保障。GPS 可以让用户、运输方和收货方，都能实时把握货物的动态，解决了传统物流中对在途货物“一问三不知”的难题，增强了三者之间的相互信任。

5.2.4 条形码技术：高速分拣，提高物流效率

条形码是利用光电扫描阅读设备识别并读取相关信息的一种特殊代码，由一组按照固定规则排列的条、空及其字符、数字、字母组成。在制造业中，每一件产品的条形码都是唯一的。

现代物流管理系统对信息采集有大量化和高速化的需求，而条码技术则完美地解决了这个问题，使 POS 系统、ED1、电子商务、供应链管理得以实现。

在物流业中，条形码技术可以提高分拣和运输的效率，充分满足用户的需求。另外，该项技术还提高了货物的识别效率，提升了物流的速度和准确性，减少了库存，缩短了货物的流动时间，使整个物流业的效益变得更加丰厚。

连续多年稳坐中国工程机械行业"头把交椅"的徐工装载机智能基地（以下简称徐工）有一条由计算机程序控制的自动化装载传送轨道——"云轨道"。这条特设的云轨道可直通码头，并完成供货商物料的接收。

"云轨道"会通过"云"发出数据，由显示屏显示需要卸下来的货物。为了避免差错，轨道上有贴着条形码的专用托盘。供应商只需扫描条形码，就可将托盘与物料一对一绑定。物料通过云轨道运输到徐工的工厂里，然后借由转运系统转运，最终送到设置好的生产线上去。

对于传统制造企业而言，领错物料之事再正常不过，一是员工对接时容易产生偏差；二是新手不容易识别相似物料。因此，即使再严格的流程，有了人的参与就很可能出现大规模领错物料的事件，从而使企业遭受严重损失。

而在徐工这里则是另外一种场景。当新的生产计划从 ERP（企业资源计划系统）出来后，会通过 MES（执行管理系统）进行局部分解，分解成多个物料配盘单。这样供应商就可以知道在什么车间的什么位置取什么物料、送什么物料。供

应商接到配货指令后，会把不同的物料集合在一起，分别打上条形码，直至扫描收货。

这种看似简单的重新设置，却解决了传统制造企业很难解决的一个问题——按需配送。具体来说，因为需求是动态的，所以人工很难甚至无法完成实时配送，而这种云轨道则可以实时发出指令，最终完成按需配送。

作为物流管理的工具，条形码技术的应用主要集中在以下环节，如图 5-3 所示。

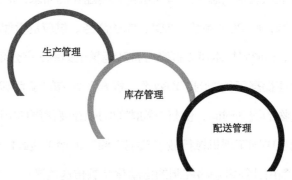

图 5-3　条形码技术的应用

1. 生产管理

生产现场会产生大量的数据，这些数据对企业的快速决策非常重要，条形码技术在生产上的应用因此而生。条形码技术能自动、快速地收集生产现场产生的实时数据，对其进行及时处理。与此同时，条形码技术又与计划层保持双向通信，从计划层接收相应数据，最终形成反馈结果，产生执行指令，实现生产效率的进一步提升。

条形码技术有助于解决制造企业生产现场的管理问题，无论是管理生产数据、控制生产过程、追溯产品质量，还是售后追踪，企业都可以很轻松地解决。

2. 库存管理

在企业的库存管理中嵌入无线网络技术和条形码技术，每个环节都可以通过智能终端迅速完成。此外，利用条形码技术代替人工分拣，既可以迅速归类，提高工作效率，又可以保证运输过程的统一性和准确性。

3. 配送管理

现代化配送管理中心广泛应用了条形码技术，不仅有产品条形码，还有装卸台条形码、运输车条形码等。条形码技术还被用来进行配货分析，针对统计商店的不同需求，按不同的时间段，合理分配货物数量与摆放空间，减少库存占用空间。

条形码技术提高了信息的传递的速度和准确性，企业可以进行实时的物流跟踪，自动管理仓库的进货、发货及运输中的装卸等。此外，通过条形码技术，相关人员可以及时将整个配送中心的运营状况、库存量反映到管理层和决策层那里，从而精准控制库存，缩短产品的流转周期，将损失降到最低。

5.3　巨头的行动：勾画智慧物流的蓝图

随着大数据、物联网等前沿技术的发展与应用，物流业从肩扛手提的传统模式，逐渐步入技术驱动的新时代。很多中小企业受限于自身实力，转变较慢，但各个行业巨头的行动早已开始，如亚马逊、海澜之家、蒙牛等。

5.3.1　亚马逊：打造立体化的物流系统

作为电商巨头，亚马逊聚集了世界上最丰富的产品种类，拥有先进的、立体化的物流系统。本小节从配送中心、智能机器人 Kiva、自动优化拣货路线、随机存储、"身份证号"定位技术 5 个方面来介绍亚马逊的智慧物流蓝图，如图 5-4

所示。

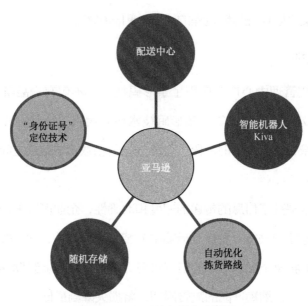

图 5-4   亚马逊的智慧物流蓝图

1. 配送中心

亚马逊一共有 109 个配送中心，分布在世界各地，仅北美地区就有 74 个。配送中心的业务覆盖货物从出仓到分配的全过程，包括物流中心、再次分配中心、退货中心、专业设备中心和第三方物流外包设备中心等。在中国和日本，亚马逊分别设立了 15 个和 12 个配送中心；在欧洲，已有和在建的配送中心是 29 个。

这些配送中心像亚马逊的中继站一样，每天都有货物由此分散到各地，源源不断，又井然有序。配送中心是亚马逊超大物流体系的重要分支，通过这个分支，亚马逊实现了行业集中度，简单来说，就是把货物集中起来，再分散出去，统一调配，集中处理。配送中心除了收发亚马逊自家的货物，还为第三方卖家提供物流仓储有偿服务。

用户在电商平台购买货物后，亚马逊会统一处理订单，包装发货，再让第三方配送，并按每件货物 0.5 美元或每磅 0.40 美元的标准收取订单执行费。在亚马逊，第三方销售的产品占总销量的三成，有近 200 万个活跃卖家。

另外，在配送方面，亚马逊把美国境内业务外包给美国邮政和 UPS 负责，国际部分则外包给联邦快递、CEVA 负责。

2. 智能机器人 Kiva

亚马逊业务已经遍布世界绝大部分国家和地区，每天都有数量庞大的订单需要处理，还有很多货物需要接收或发送。作为一家世界级网上零售商，亚马逊拥有先进的物流体系，除了配送中心，亚马逊的智能机器人 Kiva 也发挥了重要作用。

亚马逊斥资 7.75 亿美元收购了自动化物流供应商 Kiva 的机器人仓储业务，目前已经有超万台智能机器人 Kiva，它们是亚马逊仓库里最忙碌的"员工"。

Kiva 的外形像个大冰球，大约 320 磅重，顶部的升降圆盘用来托起货物。该智能机器人有两种型号：一种是小型的，可以承载 1 000 磅（1 磅=0.454 千克）的货物；另一种是大型的，可以承载 3 000 磅以上的货物。另外，Kiva 的最快运行速度是每秒 1.3 米，充电 5 分钟可以工作 1 小时，每小时可以运行 30 英里（1 英里=1 609.344 米）。

Kiva 密集分布在亚马逊巨大的仓库里，它的主要工作是扫描地面的二维码前进追踪，根据无线指令把货物从货架或仓库搬运至员工处理区，这样既可以按最优路线最快行进，又不会碰撞彼此，协调有序。

之前，人工分拣的效率是每天扫描 100 件货物，而 Kiva 的效率是每天扫描 300 件货物，并且准确率达到 99.99%。而且，如果 Kiva 与 Robo-Stow 机械臂合作，半个小时内就能装卸一拖车的货物，这极大地提高了亚马逊物流体系的整体效率。

员工分拣、扫描工作结束后，传送带把货物传送到流水线进行包装，系统会自动选择最适合货物的方式进行包装，然后传送到出货口，进入第三方快递运输车，开启全国或全球之旅。Kiva的加入使亚马逊物流体系更加快捷、高效，从而真正实现"货找人、货位找人"的模式。

3. 自动优化拣货路线

亚马逊的数据算法可以为拣货员工设计最优的路线。员工手持扫描枪，系统会推荐他下一步去哪个仓位，他只需要按提示往前走即可，而且可以保证完成这个过程后，所走的路线是最短的。据统计，在效率上，这种智慧性拣货模式的效率比传统模式的效率提升了60%。

这一切都要归功于数据算法，它可以保证不会有很多员工挤在一起拿货物，通道畅通，效率最高。另外，在图书仓储方面，亚马逊采取的是穿插摆放，相似的图书尽量不放在同一位置。这样安排的好处是当有大批量的图书时，员工不会扎堆拣货，大家的任务比较平均。

亚马逊针对某些畅销品或爆款，会尽量安排在距离发货区域比较近的地方拣货。亚马逊的后台大数据还会显示哪些商品需求量高、哪些商品是整件放进来的等情况。最终目的就是让拣货员工尽可能少走弯路，减轻负重。

4. 随机存储

随机存储，顾名思义，就是不按照常规顺序排列，将货物随机地安排在货架上。不过，亚马逊的随机存储不是真地乱摆和乱放，而是遵循一定原则，尤其是一些畅销品和非畅销品。这样可以为智慧拣货提供方便，更有利于自动优化拣货路线。

系统Bin是随机存储原则的核心，它把货物、仓位和数量看成一个系统。只要有一个元素发生变动，其他元素也会随之发生变动。收货时，系统Bin认为订单和运货车是一起移动的两个不同货架。上架时，货物随机摆放，盘点同步完成。员工拣货时，系统 Bin 指定仓位。系统 Bin 见缝插针式的存储模式让不同货物可以交叉摆放，这也是亚马逊物流体系的一大特色。

5. "身份证号"定位技术

在亚马逊庞大的配送中心里，后台数据系统就是通过特殊"身份证号"来识别库位和货位的。库位有编码，货位有二维码，这样大数据就可以准确定位，及时制订调度计划，平衡物流中心的仓储能力。

5.3.2 海澜之家：独具特色的智能化物流系统

随着海澜之家的不断发展和扩大，其所需要的仓储物流量也进一步增长。为了进一步扩张网络营销的版图，为用户提供更完善的配套服务，海澜之家建设了高度信息化和自动化的智能化物流系统，来保障整体的运营，让仓储管理为整体服务增值。

海澜之家最初的物流中心主要都是工人手工操作的，因为受到业务扩张的影响，原来 1 层的库房被改成 2 层，而新建的库房设计为 3 层。现在，海澜之家的物流园区内除了少量扫描人员和叉车工，并没有忙碌的上下货场景。

例如，海澜之家位于江阴市华士镇的物流园区由 24 座仓储库房、分拣中心和发货大厅组成，总建筑面积 80 万平方米，总投资 16 亿元。其智能仓储系统包括 2 座自动化立体仓库、3 个发货大厅及 1 个配送中心，库存总量为 146.4 万箱，存储能力为 8 000 万件货物。

在海澜之家的运作中，智能化物流系统体现在以下 6 个方面，如图 5-5 所示。

图 5-5 智能化物流系统的具体体现

1．集成物流系统

整套系统集成了立体库、语音拣选、箱式输送线、螺旋输送系统、交叉带分拣和弹出轮式分拣多个系统。海澜之家的每一件衣服都有自己的"身份码"，便于海澜之家直接管理每件衣服的存储、配送和销售。另外，海澜之家的电商仓库采用了校验系统，可以有效避免发货错误，发货准确率高达100%。

2．物流作业流程

物流园是海澜之家唯一的配送中心，既承担了供应商的库存管理，又要按需及时给商店配送货物，以滚动方式不断完成进货、出货等业务。

3．入库存储

货物到达后，先由质检员进行抽检，再进入9号、10号自动化立体库。之后，员工从送货箱中取出货物，逐一扫描条形码，放入海澜之家的标准箱。收货区更是设计了空中悬挂线，便于新箱与旧箱回收。

4．拣选出库

堆垛机将9号和10号仓库货物取出后，统一出库。货物到达立体库前端的输送线时，员工从托盘中取出纸箱，并送至拣选区。大宗的货物通过倾斜式输送线，利用语音拣选系统在9号、10号仓完成拣选。中小宗货物出库后，在16

号仓库的 4~6 层补货区补货。

在海澜之家，交叉带分拣机可以同时处理 500 家商店的订单，每小时处理货物达 40 000 件，处理后的货物能自动封箱、贴标、裹膜，与包装区的订单货物汇总后，由箱式输送线送到发货大厅。

通过弹出轮式分拣机将货物分到各个道口，再装车送给商店。海澜之家每天有上午和下午两个发货时间段，准时发货率高达 98%。如果是长江一带的商店，当天即可收到货物；如果是乌鲁木齐等偏远地区的商店，可以在 5 天内到货。

5. 挂装货物

自动挂装仓库的作用是对挂装货物进行存放和拣选。自动挂装仓库还配备了空箱输送线和自动裹膜设备，出库前将挂装货物从货架上取下放入纸箱，再汇集到发货大厅一起装车运输。

6. 退货处理

海澜之家拥有全国商店的直接经营管理权，当货物销售接近尾声时，剩余货物退回到物流中心进行尺寸和款型的调整后，会重新配送到市场上销售。因此，海澜之家的退货处理量相比其他企业的要大很多。

在 18 号仓库进行所有入库货物的扫描，并更新库存，放入料箱；在 19 号仓库进行质检，确认是否可以进行二次销售；经过预分拣以后，按照不同的货物类型，例如裤装、衬衫和 T 恤，在 20 号仓库进行分拣暂存。

海澜之家的商业模式为"品牌+平台"，即企业独立掌握产品开发、品牌管理、供应链管理和营销网络管理，将中间的货物生产和运输配送外包，不断扩大连锁商店网络，统一管理商店、供应链和服务标准，带动销售额和销售量的增长。海澜之家依靠这种独具特色的商业模式实现了快速发展，获得了巨大增长。

5.3.3 蒙牛：高度自动化的物流系统

蒙牛的总部设在内蒙古呼和浩特，每年可以生产乳制品 500 万吨。为了使仓储容量和物流管理水平适应逐步扩大的生产规模，蒙牛开始使用自动化立体库。除此之外，蒙牛的高度自动化物流系统也受到业界的广泛关注。

高度自动化物流系统包括自动仓库系统 AS/RS、码垛机器人、直线穿梭车、自动导引运输车 AGV、连续提升机等众多智能设备，是一个拥有高自动化程度，领先市场的物流系统。

这套物流系统主要用于常温液体奶的生产、储存及运输，按照功能划分为生产区、入库区、储存区和出库区等，由计算机统一自动化管理，包括成品入出库、原材料及包装材料输送，都是无人化控制。

为了实现智慧物流，蒙牛的高度自动化物流系统囊括了 4 个方面，如图 5-6 所示。

A 成品自动立体库　　　　　　　**B** 内包材料自动化立体库

C 辅料自动输送系统　　　　　　**D** 计算机监控和管理系统

图 5-6　高度自动化物流系统的组成

1. 成品自动立体库

成品自动立体库主要用于产品封箱完成之后的环节，例如，装车前的出库区输送、成品存储与出库操作，以及空托盘存储等。在成品自动立体库中，主要设备有提升机、机器人自动码盘系统、环形穿梭车、高位货架及单伸堆垛机等。

2. 内包材料自动化立体库

内包材料自动化立体库负责将内包材料运送至入库输送线，主要设备包括驶入式货架系统、单伸堆垛机，以及出库机器人自动搬运系统（AGV 系统）。其中，AGV 系统可以自动把内包材料送到无菌灌装机指定位置，并将空托盘送回去。

3. 辅料自动输送系统

员工将辅料放置自动搬运悬挂车后，由辅料运输系统准确地将辅料送到指定位置。

4. 计算机监控和管理系统

通过计算机监控和管理系统，实现成品的自动化入库、内包材料的自动化入库，以及辅料的全自动控制、监控和统一管理。

前面已经说过，蒙牛的高度自动化物流系统从前到后依次为生产区、入库区、储存区和出库区，其具体运作流程如下。

生产区。输送链在码垛前将盛有货物的纸箱提升至离地面 2 米处；码盘机器人按货架层间距，将纸箱码放在下游输送带的托盘上。

入库区。入库区设有双工位、高速环行的穿梭车，用于分配入库口的货物。在上穿梭车之前，货物要先经过外形合格检测装置的检测。如果没有通过，则由小车送到整形装置处重新整形后再入库；如果顺利通过，则由堆垛机自动放到计算机系统指定的货架上。

储存区。储存区设有多个货架，货架上摆放着已经通过外形合格捡测的货物。如果没有订单，这些货物就会被暂时放置在储存区；如果有了订单，这些货物就会进入到下一个环节，即按照相关规定进入出库区，完成出库。

出库区。出库区的停车位可以满足 20 辆运输车同时装卸货物；堆垛机自货架上取出盛有货物的托盘，并将其送到库房外的环行穿梭车上；根据订单，滚筒式输送机将对应数量的货物送到运输车旁；环行穿梭车的某处设有货物分拆区，工人在此分拆货物。

如今，为了进一步实现智慧物流，蒙牛为加强对供应商的管理，采取了预约送货的方式，并在此基础上安排装车、运输等物流计划。这样的做法有利于实现资源的合理分配，提高运输效率，节约运输成本，使货物准时到达。

　　如果将智慧物流看作智能制造的发动机，那技术就是智慧物流的引擎。因此，企业要想尽快实现智能制造，那技术就必须跟得上，这也是避免让货物在"最后一千米"卡壳的重要手段，可以以此优化用户的消费体验。

第 **6** 章
智能制造与智能零售

过去，消费者认为购物就是单纯买东西，但随着大数据和人工智能等新技术的兴起，这种想法似乎已经不符合实际了。现在，购物变成一种能给消费者带来更多感官体验的生活方式，并深刻影响着企业的零售布局。

6.1 智能零售三大关键点

人工智能让企业受到了不小的冲击，除了前面提到的产品、物流，就连零售也走向了智能化。因此，企业要想不被淘汰，就必须转向"线上+线下"的新模式。在这种情况下，如何融合线上线下、如何利用大数据触达消费者、如何应对智能零售带来的挑战，都是企业应该认真思考并且必须解决的问题。

6.1.1 融合线上与线下

最近几年，大数据、人工智能逐渐走进我们的视野。与此同时，制造业也发

生了巨大的变化——线上巨头开始重视用户的消费体验，线下实体也开始依靠互联网、物联网等技术来满足用户需求。智能零售就是这一过程的最佳产物。

智能零售依托互联网而存在，同时还运用大数据、人工智能等先进技术来了解用户需求的变化，并根据变化来调整企业的发展方向。线上与线下的融合加上现代化的物流体系，才能实现真正的新零售。

每年的"双11"，各企业就是通过不断打通线上线下的供应，实现二者的深度融合。与之前有很大不同，现在的"双11"似乎已经是线上线下的集体狂欢，明显成为各大企业走向成功、实现智能零售的练兵场。

对于企业来说，将线上和线下的流量打通非常必要。例如，发放优惠券是每个企业都曾用过的优惠手段，看似简单，其实企业在设计优惠方式时需要考虑用户的地理位置、支付数据、偏好等多方面因素。如果某企业的客单价是80元，那就可以给用户发放满100元减5元的优惠券，这不仅有利于提升客单价，还有利于增加日常销售额。

企业要想融合线上与线下，可以借助用户非常看重的配送服务。在未来的商业竞争中，最重要的"武器"就是提供快速优质的配送服务。例如，永辉超市的超级物种开始实行24小时配送服务，百联集团实行了1小时速达和定时送达服务，盒马鲜生支持5千米半径30分钟配送服务……。

通过在线上下单的方式，工作人员会用最短的时间将产品送到用户手中，此举既方便了用户的日常生活，又为企业增加了订单。

除此之外，线上巨头也在资本上加码，为传统线下巨头试水智能零售提供了巨大支持。例如，腾讯通过协议转让方式购买永辉超市5%的股份。而此前，阿里巴巴也通过股权投资参与了三江购物、华联超市、大润发等线下实体巨头的运营。

可以看到，随着智能新零售的逐步落地，线上电商企业与线下实体企业已经携手走向融合。

6.1.2 数字化：利用大数据触达用户

对于传统制造企业而言，最大的弊端就是不能收集用户的有效数据以达到监控用户行为的目的。久而久之，传统制造企业就无法根据数据分析来实现精细化管理，例如，无法进行精准的产品推送、关联等。

通过大数据监控用户的购买行为，进而优化促销方案是每个企业都想达成的目标。不过，很多企业都试图同时发展线上与线下的业务，但并没有取得明显的效果，这主要是因为它们没有打通线上线下的数据，造成大量重要数据的缺失，从而难以建立精准的用户画像。

智能零售时代，不管是线上的企业，还是线下的企业，都应该运用大数据完成精准的用户分析。总之，哪家企业能找到用户、理解用户、服务用户，哪家企业就能尽快实现智能零售。由此来看，企业分析、预判和洞悉能力就是大数据精准触达用户的价值所在。

现在，为了满足用户追求高质量产品的需求，企业必须选择更好的传播渠道来精准触达用户，具体做法如图 6-1 所示。

1．精准匹配目标群体

企业利用大数据，将消费者按照基础属性、产品使用时间、活动范围等维度进行分类，结合不同的使用场景，匹配定制用品，找到有需求的目标群体，并洞察这一目标群体的需求，从而提升广告推送与用户需求的匹配度。

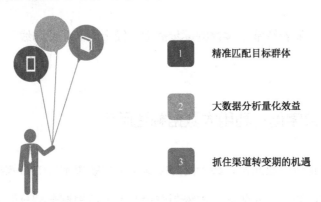

1 精准匹配目标群体

2 大数据分析量化效益

3 抓住渠道转变期的机遇

图 6-1　利用大数据精准触达用户的做法

2．大数据分析量化效益

"大数据"在最近几年成为热门词汇，阿里巴巴、京东、腾讯等都充分运用了大数据的精准推荐功能；百度地图可以根据用户的实时定位数据，精准推断出其家和公司所处的位置；中国三大运营商同时表示要全面推进大数据的发展……。

大数据分析可以帮助企业实现精准化，从而使其在细分市场下能够快速获得潜在用户，并提高市场的转化率。所以，对于企业来说，大数据分析是赢得市场的一个有力武器。

企业采用先进的大数据智能分析技术，再次分析各个媒体投放渠道，根据具体的推广需求，实现了渠道的联动和整合。

一方面，企业融合了不同投放渠道的优势，对现有的媒体渠道进行了升级，并打通了产品的供应链，然后再根据产品品牌不同的推广场景，智能匹配流量和广告渠道的投放比例，最终获得最佳的投放策略。

另一方面，利用大数据，企业还能创造多种投放场景，使产品能够在不同场景中为用户带来极致体验。而且随着场景的不断扩大，企业还可以逐步覆盖、触达更多的目标群体。

3. 抓住渠道转变期的机遇

零售的本质就是在合适的场景下，以最适合的方式建立企业与用户之间的连接。智能零售让这种连接越来越多，也越来越紧密。从目前的情况来看，很多企业都把大数据看成一个可以全面触达用户的渠道，然后再利用微信、微博等社交媒体使其顺利落地。

企业运用大数据技术，洞察用户的基础属性、兴趣、产品使用时间等信息，并对其进行深入的对比分析，就可以实现精准触达，尽快完成智能零售的转型升级。

6.1.3 人工智能：贯穿智能零售全过程

相关调查显示，很多用户讨厌的并不是广告，而是跟自己不沾边的广告。也就是说，如果企业推送的广告与用户的生活息息相关，甚至还能另外满足用户的某种需求，那么很容易就可以吸引用户的注意。而这一目标的达成和人工智能有着千丝万缕的联系。

实际上，除了精准推送广告，人工智能还可以应用到智能零售中。如某企业想开设一家实体店，则需要考虑店面选址、店面面积、租金、人群覆盖率、客流量、哪些款式的服装会畅销等诸多问题。以前，这些问题都是根据经验来决定的，但在智能零售时代，根据大数据、人工智能等先进技术就可以对此做出更加精准的判断。

阿里巴巴在第二届淘宝购物节上推出了"淘咖啡"。消费者首次进店，只需打开手机淘宝，扫码获得电子"门票"，然后签署数据使用、隐私保护声明、支付宝代扣协议等条款，即可开始自由购物。购物结束时，消费者通过结算门，智能系统就会把购物费用自动扣除，整个过程充满了科技感。

亚马逊曾推出无人实体商店 Amazon Go，消费者只需下载亚马逊的购物

App，在入口完成扫码，就可以开始购物；当消费者离开以后，系统会自动进行结算。该无人实体商店结合了计算机视觉技术、深度学习及传感器融合等技术，替代了传统柜台收银结账的烦琐过程。

对于企业来说，人工智能和深度学习可以模仿消费者的轨迹，知道消费者进门先看哪儿、后看哪儿，在什么地方停留的时间最长。模仿了这些轨迹之后，企业就可以进行精准的预测，通过这些精准的预测，就能知道下一个消费者来的时候会是什么样子。

在"零售+人工智能"模式下，购物方式正在变得多元化、多样化，消费者也能获得更多感官上的完美体验。其中，人工智能不仅满足了消费者在消费方面的需求，也帮助传统制造企业走向智能化，实现快速崛起。

虽然传统制造企业积累了大量的数据，如消费者的购物喜好、购物方式、购买产品销量排行、消费场景等，但这些数据之间都是孤立存在的。自从人工智能出现以后，这些数据就被融合在一起，同时还实现了结构化。此外，人工智能还帮助企业精准细分目标群体，从而提高其生产经营效率。

例如，在数据方面，阿里巴巴本身有支付宝、口碑的支持，加之后入股银泰、三江购物等企业，现已形成了全场景、多元化的数据格局。而京东作为自营电商，在产品数据上切得更加深入，也拥有大量的精准数据，尤其是与品牌商之间共享的产能、库存数据。

人工智能的优势已经显露出来，很多商业巨头开始运用该项技术为自己服务，并借此成为智能零售领域中的研究者和实践者。不过，不管哪种企业，都是想通过智能零售实现产品和用户间的最优匹配，以及工厂产能和社会需求间的平衡。

6.2 智能零售带来新变革

对于智能零售，企业应该在深入分析市场的情况下，认真思考新模式会对哪些行业带来影响，带来什么样的影响，以此来形成全面、完整、准确、合理的实践方案。从现阶段来看，智能零售下的新变革主要体现在三个方面：从以前的货场人到现在的人货场；围绕消费者的体验式消费；超级物种的孵化和普及。

6.2.1 货场人 vs 人货场

在传统零售时代，市场占据主导地位，用户需求其次；而在智能零售时代，用户成为整个过程的主导。基于此，零售模式开始从货场人向人货场转变。

那么，究竟什么是人货场呢？其实非常简单，就是选对的人，挑对的货，在对的场。其中对的人是指外部客户和内部销售人员；对的货是指风格、品类、价格都合适的货；对的场是指合适的城市、商圈、楼层等其他销售场景。

不同阶段，"人、货、场"三者的关系也不同，通常会随着市场的变化而变化。在物质短缺阶段，"货"处于核心地位，只要需求大于供给，任何产品都不怕卖不出去。随着物质的不断丰富，"场"逐渐成为核心，企业要想在激烈的竞争中脱颖而出，就必须占据市场的黄金地带；在互联网发达阶段，以"人"为本才是王道。

在国内，优衣库可谓是线上线下结合最好的服装品牌。在智能零售开始之前，优衣库就已经进行了尝试。众所周知，优衣库的产品在款式和价格上，均已实现了线上线下的一致，这是线上线下相互融合的先决条件。

此外，优衣库还会通过各种各样的方式，让消费者感受到在实体店购物与在网上购物可以有一样的体验。例如，消费者在网上购物时，优衣库会提供周边实

体店的位置及库存情况，自家 App 的优惠券也可以在实体店使用。

除了把线上线下的产品信息打通，优衣库还在物流上实现了实体店之间的高度融合。优衣库是仓储式实体店，实体店就相当于仓库，仓库也相当于实体店，因此，库存管理都是从实体店出发的。一个一线城市内基本上会有 10~20 家优衣库的实体店，各区域内库存和品类数据信息的打通可以优化优衣库的管理和服务。

如今，企业需要利用人工智能和大数据，以门店、电商平台、移动互联网为核心，通过线上线下的深度融合，实现产品、交易、用户等数据的共享，为消费者提供无缝化的极致体验。而从"货场人"到"人货场"的转变就是智能零售开始的重要标志，这一点可以从以下几个方面进行说明。

1. 人：以人为本无限逼近消费者内心需求

在行业内有一个段子——大数据时代，企业了解你的程度胜过你的妈妈。这不仅是一个行业内的段子，更是智能零售的真实写照。在任何消费场景下都能满足用户的需求，企业就像用户本人一样了解其内心真正的想法。如当某个人想要出去旅游的时候，一份根据其兴趣偏好、饮食习惯、消费习惯制定的"旅游指南"就会发送到他的手机上。

2. 货：新生产模式 C2B 定制化生产模式

工业 3.0 时代，"大生产+大零售+大渠道+大品牌+大物流"是主流的营销法则，那时候主要靠无限降低企业的生产成本来获取利润。但在经济和生活水平已达到一定高度的工业 4.0 时代，价格已经不是左右消费者决策的主要因素了。

另外，在大众化消费逐渐转变成小众化消费的情况下，产品也趋于个性化，并被赋予了更多的情感交流。也就是说，如今，从生产的源头开始，"人"的需求会被更好地满足。

3．场：消费场景无处不在

当今，消费场景的爆发式增长，使得消费者接触企业的渠道越来越多，如实体店、电商平台、电视购物等。可以说，只要有屏幕和互联网的地方，企业和消费者之间都能达成交易。

随着 AR/VR 技术的成熟发展，消费场景甚至可以实现所见即所得，这是一种颠覆性的消费体验。试想，如果消费场景无处不在，定制化生产就会成为主流，消费者想要的产品都能触手可及，这时候，企业的核心竞争力又是什么？消费者将如何去选择供应商和服务商？

对于企业来说，除了钻研技术外，更重要的是用内容、娱乐、互动等手法，触动消费者的内心。对消费者来说，他们会越来越习惯按照自己的偏好、情感寻找企业和产品。

6.2.3　围绕消费者的体验式消费

如今，消费需求的升级，消费者比起以前更重视消费过程中的体验。因此，企业要想实现产业化竞争，就必须以消费者需求为核心创造体验式消费。体验式消费就是企业以消费者为中心，通过对消费过程的设计，让消费者获得优质的消费体验，从而达到物质和精神上的双重满足。

如今，由于市场竞争的进一步加剧，体验式消费已逐渐成为了企业竞争的一张王牌。首先，从企业的角度来说，可以使其更好地参与竞争；其次，从用户的角度来说，可以使其在购物过程中获得更加优质的体验。

那么，"零售+体验式消费"应该体现在四个方面，如图 6-2 所示。

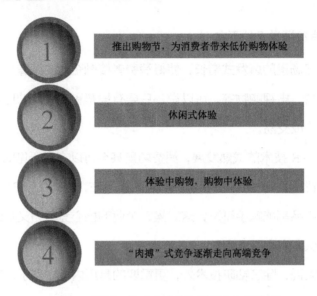

图6-2　"零售+体验式消费"的四个方面体现

1. 推出购物节，为消费者带来低价购物体验

作为上海百货标杆的新世界城提出，要召开"新世界城"内购会，在这场内购会上，产品的价格和淘宝、天猫对标。为了能和众多供应商达成价格上的一致，新世界城早在几个月前就已做准备。

由于部分产品的低价，也一度遭到了部分供应商的抱怨。例如，"子君款"手表优惠 1.7 万元（热播剧《我的前半生》中，罗子君有款手表售价为 11.3 万元，内购会上这款手表打 8.5 折，优惠了 1.7 万元）。这种方式就为很多想要出国购买这款手表的消费者提供了便利，因此，也更加具有吸引力。

2. 休闲式体验

在传统制造业转型升级时，出现了自助榨汁机、3D 试衣镜等优化消费体验的新方式。从长远来看，体验式消费时代已经到来。例如，在实体店里，消费者可以自己种菜、喂猪、动手挤冰淇淋、榨新鲜果汁；在超市里，消费者可以通过扫描产品二维码完成付款，减少了在柜台排队付款的时间。

消费者是一个个单独的个体，各自对服务的需求和理解也不相同，而企业就可以把某些环节交给消费者自己去操作，从而使消费体验得以大幅度提升。例如，让消费者自己挤冰淇淋、加果仁，那他们就能从体验中获得更高的满足感，这比由工作人员制作统一的冰淇淋要更有吸引力。

体验式消费将是未来主要的消费方式，现代的购物中心不仅要有传统卖场的基本功能，还要融入体验、互动、情感的交流等因素。

相信未来，无论是线上电商，还是线下实体店，都会准备更多新奇好玩的体验经济型产品。而且，"销售东西"也不再是企业的首要目标，取而代之的是能够为消费者提供零售解决方案和体验服务。

3. 体验中购物，购物中体验

对于某地区的"居然之家"而言，消费者走进以后，会觉得这里比起一个家居卖场，更像一个喝咖啡、听音乐会、洽谈商务的休闲场所。之所以会出现这样的情况，主要就是因为，根据消费者的购物需求，居然之家专门打造了一个具有更高品质的家居体验馆，在这里，消费者可以体验更多的服务。

居然之家的消费者体验区不仅整合了多款花洒和龙头，而且还直接向消费者展示花洒、龙头的实际出水效果。这样一来，消费者就可以体验不同水柱落在皮肤上的触感。此外，工作人员也会在现场展示多款产品的使用方式，并介绍不同产品的特色。

4. "肉搏"式竞争逐渐走向高端竞争

近些年，体验消费产业迎来了蓬勃发展。例如，自助式采摘等体验式观光农业、"真人 CS"等体验式游戏。从本质上讲，这些都是以体验式消费为中心的娱乐消费产业。

传统零售时代，企业都是忙着吆喝，而消费者则是一直在担心产品是不是存在质量问题。如今的体验式消费，使企业的服务越来越透明化，从而减少了与消费者之间的纷争。所以，越来越多的企业都开始推出体验式消费，当然，这也在一定程度上表示，现在的商业竞争模式已经由传统的近乎"肉搏"式的竞争转向依靠大数据、前沿技术的高端竞争。

推出体验式消费服务，说明在现代的零售模式中，企业更加注重以消费者的需求为中心，与此同时，企业的服务也在逐渐个性化。另外，过去企业在营销中只是盲目地宣传，缺少个性化的体验式服务，但实际上为消费者提供最优质的体验才是现代企业竞争的核心。

6.2.3 打造产业生态链，孵化超级物种

为了让产品更好地销售出去，很多企业都会开设超市，这其实是一种综合型的零售平台，其主要职责就是为上下游产业链中的合作伙伴提供优质服务。在中国，要说受消费者喜爱的超市，那一定有永辉。而且，不断创新的永辉也已经找到了自己的第一个盟友——"草根知本"，并在西南地区建立了第一个"进化基地"。

草根知本联合永辉在成都建立了四川新云创商业管理公司，致力于打造出一条产业生态链。双方会在"线上+线下+深度体验"方面展开深度合作，并在四川实现零售、快消品、移动互联网等方面的联合。

草根知本和永辉合作的第一步是在四川播种"超级物种"，同时在一年内开设12家超级物种店。

永辉是一家主营生鲜食品的超市，在低温产品、全球供应链管理、消费者服务等方面都有明显的优势；草根知本则以"优选全球、健康中国、美味食品、便利生活"为目标，拥有冷链、调味品、乳业、营养保健品、宠物食品五大产业板块。因此，永辉和草根知本达成合作以后，可以最大限度地发挥各自的优势，并

形成互补。

如今，永辉已经推出了"云超、云创、云商、云金、云计算"五大板块。在这五大板块中，以云创、云商为主的业务集群是其布局智能零售、提高业态革新能力的重要标志。其中，"云创"旗下主要包括"超级物种"、永辉会员店、永辉生活 App；"云商"则包括全球贸易、数据、物流三个方面。

除此以外，"彩食鲜"项目也有着非常重要的地位。该项目不仅体现出了永辉升级食品供应链的成果，更是一条实现生鲜农产品标准化、精细化、品牌化的重要渠道。值得注意的是，"彩食鲜"项目要想发展，必须有专业的冷链物流支持，而在竞争残酷的快消业中诞生的生鲜冷链，就具备冷链物流配送的优势。

从目前的情况来看，生鲜冷链的主要客户有商超、电商、餐饮企业及冷冻食品加工厂等。对此，永辉方面透露，在生鲜冷链物流方面，还会与草根知本进行更深层次的融合。

对草根知本来说，生鲜冷链物流是一个非常重要的战略引擎，不仅贯穿了新希望农业、畜牧、乳业等全产业链，还形成了独具特色的新希望生态供应链。

目前，草根知本已经有乳业、冷链、调味品、营养保健品、宠物食品五大产业板块，旗下企业已超过 20 家。随着业务板块规模的不断扩大，草根知本迎来了更加蓬勃的发展。一方面，扎根在消费者中间，聚焦于和消费者息息相关的快消品领域；另一方面，继续"仰望天空"，进行跨行业及产业链的资源整合，投资范围也覆盖国内外。

可以看到，无论是永辉，还是草根知本，都在积极布局产业生态链，主要目的就是加快向智能零售转型的速度，从而保证自身的长远发展。

第 **7** 章

智能制造与营销智能化

对于制造企业来说，设计、生产等固然重要，但营销的作用也不能忽视，营销智能化已经成为一个不可逆的发展趋势。什么是营销智能化？顾名思义，是在精准定位的基础上，依托技术建立个性化、智能化的宣传推广体系。

营销智能化是提升产品影响力和知名度的关键，其核心是"精准"。如何做到精准？这是一个系统化流程，最主要的是充分挖掘产品所具有的诉求点，始终以用户为中心，助力经济效益最大化和效果最优化。

7.1 智能营销三大痛点

营销做得越好，吸引的用户越多，产品的销售就越顺利。但现在，大多数传统制造企业的营销还处于方式比较简单、门槛比较低的阶段，所以难免会面临一些痛点。例如，不能精准识别目标用户及其需求、无法针对用户群投放广告、缺乏信息化的用户关系管理系统等。在技术高速发展的时代，消除这些痛点是制造企业实现经济效益的重要途径。

7.1.1 用户需求难以定位

为什么要进行用户需求定位？满足用户需求是企业存在的唯一理由，企业绝大部分收入都来自用户。用户需求的本质是什么？简单来说，所有的用户需求最终都是通过企业的一系列活动与产品得到满足的。

用户需求不是一个容易量化的指标，每个企业的观察视角和思考方式并不相同，真正满足用户需求并没有什么永恒的标准，只能不断更新看事物的角度和切入点。在以 5G、6G 为趋势的移动互联网时代，对用户需求进行定位更是难上加难。

首先，难以明确用户的真正需求是什么。

很多企业对用户需求的理解，仅是尽力挖掘新的需求，也就是市场上未曾出现过的需求。这种需求确实有可能帮助企业开辟蓝海市场，但也存在很大风险，甚至会影响企业的判断，出现很多"伪需求"，这种伪需求是定位用户需求的最大障碍。

O2O 火爆时，有一家开锁企业想要转行做 O2O。该企业管理层认为开锁是刚需，当人们把钥匙忘在家里，需要值得信任的开锁企业时，企业一旦能够利用手机定位，在最短的时间内，用最快的速度上门帮用户开锁，就可以产生商业价值。不过，该产品上线后一直无人问津，最终还是以失败告终。因为虽然开锁对于用户来说是一个刚需，但用户忘带钥匙的几率比较小，于是找人开锁就成为了一个小概率事件，这种工具型需求很难占据用户心智，是没有商业价值的伪需求。

其次，忽视与竞品的比较。

真正的需求往往来自比较，有句话叫作"没有比较，就没有伤害"。同样的道理，只有与竞品进行比较，才会知道竞品为什么比自己的产品好，或者为什么比自己的产品差。但在比较的过程中，市场与用户不是一成不变的，所以很多企业往往不能及时抓住需求，最终无法定位。

总而言之，需求不是简单的线性挖掘，而是通过建立比较优势，凸显自己可以提供更好的解决方案，以获得用户的认可和青睐。

最后，没有定位到现有需求的新卖点。

在智能手机出现之前，短信是人们常用的沟通方式，但随着微信的普及，短信几乎就无人问津了。现在，短信只能解决用户基于通信的需求，微信则能够实现用户之间深层次、多维度的交流需求，而且可以采用文字、语音、视频等更为丰富的方式。

微信是对市场上已有解决方案的更高维度的优化升级，这就在告诉各大企业，在进行用户需求定位时，首先要关注那些已经被挖掘出来的需求，明确现有市场的需求是否已经被彻底满足，然后再去培养新的需求。

例如，市面上很少有男士专用的美白产品，这种产品看似市场巨大，实际上成本很高。因为男士大多没有美白肌肤的意识，企业因此需要持续不断地帮助男士建立美白肌肤意识，消除抵触情绪，培养使用产品的习惯，最终导致收益和前期的投入完全不成比例。

对于企业来说，最合适的做法是去解决那些使用了美白产品的用户遇到的问题，然后针对这些问题提出全新的解决方案，找到真实的用户需求。

那么，企业应该如何挖掘用户需求，要从4个简单的角度入手：一是从功能入手，包括主要功能、辅助功能，以及相关特殊功能等；二是从形式入手，包括品质、品牌及传播媒体，或传播载体等；三是从外延入手，多是指用户在情感方面的需求；四是从价格入手，所有用户都希望买到性价比高的产品，期望同等质量、价格最优。

通过上述4个角度去挖掘用户需求，实现用户需求的真正定位并持续满足，才能不断扩大市场空间，使企业得以生存和发展。

7.1.2 无法针对用户投放广告

在投放广告时，渠道与创意都好控制，但即使是数一数二的媒体也难以控制实际触达的用户数量。从本质上讲，广告是企业与用户对话的一种形式，奢侈品品牌不会在三四线城市寻找目标用户，儿童果汁饮料不会在大学促销……只有产品与用户的需求高度匹配，才能愉快"聊天"，投放的广告才能有效。

互联网的出现使广告实现了在合适的时间、合适的渠道，以合适的方式投放给合适的用户。这颠覆了传统营销思维方式，企业也将面临更加复杂的媒体环境。尤其对于制造企业而言，传统的广告投放已经不适用于现在的用户，保障和维护广告效果的难度系数也越来越高，所面临的最关键问题就是无法针对用户投放广告。

无法针对用户投放广告是因为没有将基础工作做好，对受众的分析不够透彻，没有了解用户的心理需求，具体可以从以下四个方面说明，如图 7-1 所示。

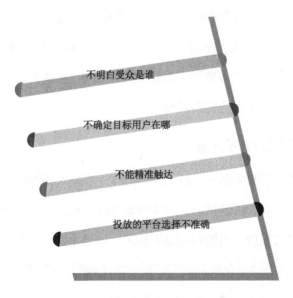

图 7-1 无法针对用户投放广告的原因

1．不明白受众是谁

投放广告的第一步就是找准受众，然后根据受众的特征提供符合其需求的产品，最终促成交易。而产品受众与产品的核心定位相关，工作、年龄、受教育程度、性别、收入等都是影响定位的因素。明确了受众之后，广告投放才能更有价值，才会吸引目标市场的关注和认可。

2．不确定目标用户在哪

投放广告所带来的价值，除了广告主的满意度，就是目标用户的满意度。精准投放广告，需要结合产品与目标用户的特性，根据目标用户的生活场景，决定具体的策略。也就是说，要想获得有价值的广告投放，不仅要知道目标用户，还要了解他们的行为，如行为标签、社交偏好、活动场所等。

3．不能精准触达

广告投放可以选择地点、时间、规模和次数等，但无法选择针对哪类用户。有的时候，目标用户虽然会出现在投放广告的地点，但并不一定能看到广告与产品。有不少企业每年投入大量的广告费用，却依旧难以实现周期内的营销目标。究其原因，一是大量的广告费用不是都花在"对"的人身上；二是即使花在"对"的人身上，但并没有引起他们的兴趣。

4．投放的平台选择不准确

广告不可能在所有平台上投放，企业承担不起那么多的广告费用。一般来说，目标用户的特点不同，所选择的平台也应该不同。此外，企业还可以根据平台的访问量来判断其与投放广告的目的是否相关。如果平台提供的主要是美容化妆等相关内容，那投放香水、化妆品的广告是非常正确的选择，但如果投放生活用品，如卫生纸、洗衣粉等的广告，则很难有吸引力。

选择投放的平台就是在选择目标用户，要在目标用户的基础上，结合平台和产品的特性进行投放。与此同时，还要把握目标用户的活跃情况，并据此决定广告要投放在哪些地方与时间段，这样才能实现精准投放。

实际上，除上述原因外，社会结构分化、受众碎片化也影响了企业的广告投放。如今，社会结构出现不稳定的碎片化，原有的用户调研工具失去作用，而且社会结构碎片化无法确保用户研究方式的真实性，很可能无法捕获用户的真实需求。

7.1.3 缺乏信息化的用户关系管理系统

用户关系管理系统简称为 CRM，通常以用户数据的管理为核心，利用现代信息科学技术，实现市场营销、服务等活动的自动化，帮助企业实现并运行以用户为本的模式。在智能制造的背景下，用户关系管理系统既是一种理念，又是一种技术。这个系统具有高可控性的数据库、更高的安全性及数据实时更新等特点。

用户关系管理系统又被称为提升企业核心竞争力的助推器。目前，在我国制造企业实施用户关系管理系统的过程中，存在着一些亟待解决的问题，其中最为重要的是缺乏信息化，具体可以从以下几点说明，如图 7-2 所示。

1. 软件瓶颈导致企业家不敢轻易涉足信息化项目

与国外形成用户关系管理系统的情况不同，我国企业开始引进的 CRM 产品，仅由技术主管负责规划和实施引进的产品，缺少高层领导、用户以及生产等业务部门的参与协作。另外，由于对行业的了解不足，很多企业在实施用户关系管理系统时，解决方案存在缺陷，带来很大的负面影响。

1	软件瓶颈导致企业不敢轻易涉足信息化项目
2	行业的复杂性决定了制造业实施信息化管理的难度
3	企业信息化建设薄弱
4	员工素质低是用户关系管理系统信息化的障碍
5	利润的降低使得企业管理者有心无力

图 7-2 用户关系管理系统缺乏信息化的原因

2. 行业的复杂性决定了制造业实施信息化管理的难度

相对服务业、产品流通业，制造业的现状更为复杂，其用户关系管理系统的信息化管理实施也相对较难。一般来说，制造企业受到的限制比较多，尤其是在制订销售计划时，会因为生产能力的不足与市场的变化衍生出更多的困扰。

除此之外，制造企业对数据采集认识不够。数据是实施用户关系管理系统的基础，但现在很多制造企业对如何收集数据、保证数据质量、对数据进行处理等问题缺少足够的认识与技术支持，难以获得理想的结果。

通常，不同技术平台上的多个系统中存储着数据，但很多企业没有将这些数据集成在一起，从而导致不同部门发给用户的产品信息不同，让用户产生误解。解决这一问题的关键在于保证数据的质量，实现多系统、多平台的数据共享，将收集的数据存储在公共的平台上，使用户能准确地接收产品信息。

3. 企业信息化建设薄弱

虽然很多企业都开始尝试使用信息化用户关系管理系统，例如，做产品出口的企业会使用电子口岸等报关系统，但是这些系统大都独立存在于整个管理体系之内，相互之间没有联系。这种重复性的投资既浪费资金，又激化了信息化管理系统的矛盾。

具体来看，用户关系管理系统在国内并没有普及，很多企业仍然使用传统的管理方式，还有企业在用户服务支持上依旧使用不够健全的传统服务机制，很少会想到将用户关系管理系统与办公系统和运转软件（如 ERP 和 SCM）等集成起来，组成一个无缝对接闭环。

4. 员工素质低是用户关系管理系统信息化的障碍

许多制造企业的员工，尤其是一线员工的文化水平普遍不高，他们不了解计算机技术或前沿技术，这是制造业最大的劣势。而用户关系管理系统的信息化需要全员参与并实施，员工素质跟不上就导致各个步骤的脱节。

此外，用户关系管理系统与企业文化不能兼容。该系统的核心思想是以用户为中心，实施该系统的企业就要从以生产为中心，向以用户为中心转变，这是一个非常耗费时间的过程。因此，在实施用户关系管理系统的过程中，如果理念与企业文化矛盾，就会加剧员工的抵触和排斥心理。

5. 利润的降低使得企业管理者有心无力

市场竞争日益激烈、产品同质化严重、制造业遭遇互联网等前沿技术的冲击，这些因素导致产品利润降低。而市场上正规的用户关系管理系统费用普遍很高，这就导致制造企业对这一系统信息化的"冷漠"。

用户关系管理系统的信息化能帮助企业选准目标用户，与目标用户进行有效沟通，持续兑现价值，并不断扩大盈利。

7.2 如何打造智能营销

在智能营销中，广告投放、线上线下活动等都应该围绕着用户进行，因为用户已经厌倦了被动，希望得到企业主动的迎合。现在，有很多现成的工具和平台可以供企业选择、借力，这也就表示，即使企业在技术方面比较薄弱，还是有办法实现精准营销的。

7.2.1 SEO 优化：线上线下联动，打通数据

打造智能营销的第一个策略是线上线下联动，打通数据，灵活地进行 SEO 优化（搜索引擎优化）。首先来说，要想实现线上与线下联动，就应该将线上的数据保存下来，再利用线下清晰的方针思想，让目标用户更加清晰、明朗。

通过线上的数据，企业可以知道目标用户主要集中在哪里、他们的消费习惯如何，以及他们喜欢什么类型的产品等。将这些数据应用到线下，可以使营销策略变得更加精准。此前，苏宁搭建了自己的电商平台，并与阿里巴巴合作，进行品牌维护，将线下的苏宁电器更名为苏宁云商，完成了线上和线下的营销融合。

除了线上线下联动，SEO 优化也非常重要。进行 SEO 优化的目的是利用搜索引擎的规则来提高企业在线上的搜索排名。此外，SEO 优化还可以增加特定关键词的曝光率，为企业创造营销的便利条件。

SEO 优化以搜索引擎营销为指导思想，贯穿于网站策划、建设、维护的全过程，包括很多完整性服务，例如，网页模板、沟通平台、产品展示版面、文字设计（标题、关键词、具体描述）及软文撰写等。

现在，无论是线上与线下的联动，还是 SEO 优化，都已经成为一种趋势。所以，企业应该根据行业的特征，直接瞄准线上和线下的契合点，然后在原有资源的基础上逐渐过渡到线上，把 SEO 优化搞活，从而开创更多的营销机会。

7.2.2 VR 营销：打造"体验+场景+感知+美学"新体验

当 VR 从小众走向大众时，这项技术会渗透到制造业中。而当 VR 遇到营销

时，这项技术又会以超强的虚拟体验冲击用户的中枢神经。很明显，VR 正在势如破竹地改写着营销模式，具体可以从以下 3 个方面进行说明，如图 7-3 所示。

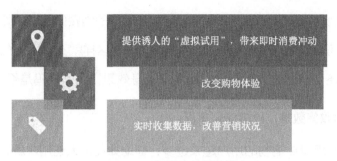

提供诱人的"虚拟试用"，带来即时消费冲动

改变购物体验

实时收集数据，改善营销状况

图 7-3　VR 如何改写营销模式

1. 提供诱人的"虚拟试用"，带来即时消费冲动

营销的本质是刺激用户的购买行为，但很多营销手段还不能实现这一点。如果能够借助 VR 营造虚拟体验，例如，向用户解释一些比较复杂的技术，直接远程参观产品的产地、生产线等，就能更有效地说服用户，进而促成交易。

亿滋国际利用 VR 为新进入中国市场的品牌妙卡打造了一个名为"失物招领"的暖心广告。该广告以虚拟的小镇阿尔卑斯 Lilaberg 为背景，致力于为观看的人创造舒适的感觉。所以观看结束以后，人们能够铭记这个广告，也愿意为里面的产品消费。

2. 改变购物体验

VR 正从各个视角为用户提供身临其境的购物体验。之前，阿里巴巴成立的 VR 实验室发布了一项"Buy+"计划，该计划以 VR 技术为依托，搭建不同的购物场景，让用户可以实现在家环球购物的愿望。

使用"Buy+"后，即使用户身在家中，只要戴上 VR 眼镜，打开 VR 版淘宝，就可以随意选择购物地点，感受身临其境般的购物体验。

目前，线上购物的退货率在 30% 左右，服装更是占了其中的 7 成，色差、尺码不合适等问题困扰着买卖双方，而 VR 购物就可以解决这些痛点。

通过对产品的 3D 渲染，VR 能让用户感受到最真实的情况，便于用户在短时间内直观地查看所需产品，这将极大地提升用户的消费体验。例如，我们在选购服装时，可以通过 VR 眼镜进行色彩的比较，这样就不会因为色差大而产生退货行为；还可以通过 VR 眼镜直接观看上身效果，判断尺码是否合适。

3. 实时收集数据，改善营销状况

现在，使用 VR 购物的用户越来越多，借助如此巨大的用户群体，企业可以通过分析相关数据，快速调整营销策略。例如，如果 VR 营销的效果不理想，那么企业就可以根据反馈的数据，快速制定符合用户需求的新方案。

VR 营销典型的案例莫过于星巴克。星巴克借助 VR 的"扫一扫"功能，让用户充分了解"从一颗咖啡生豆到一杯香醇咖啡"的故事，从而获得沉浸式的咖啡文化体验。用户的消费体验得到升级，他们就越喜欢星巴克的各种产品。

VR 能够为企业构造诸多的消费场景。例如，借助 VR，用户能够瞬间进入"客厅必买清单""旅行常备清单"，以及"家庭必备药物清单"等多元的场景。由于场景精准，用户购买这些产品的概率也会增大许多。

为了实现最优的营销效果，VR 营销必须去除线上线下的隔阂，打造完整的消费体验，只有这样，用户的消费体验才会更好，流量的互相传播转化效率也就更高。可以说，VR 的出现让营销有了无限可能性，一个全新的营销体系正在被建立。未来，任何领域的企业都可以找到适合自己的形式进行 VR 营销，实现真正的技术跨界。

7.2.3 精准化广告："创意+价值"吸睛

不同于传统广告有时间、空间、受众等限制，大数据广告拥有全新的优势，

这可以从两个角度来理解：大数据营销和精准广告投放。

大数据营销是指依托于多平台的大量数据与大数据技术，应用于制造业的营销方式。大数据营销的核心在于广告的精准投放，从而降低广告成本，给企业带来高回报。精准广告投放要选择特定的目标用户，采用图文、视频等形式，准确地将广告投放给用户。

利用大数据精准投放广告是信息社会特有的技术。海量数据分析能精准地判断用户属性和行为模式，使广告投放有清晰的目标和实现的基础。数据孤岛是限制大数据发挥最大价值的阻碍，例如，广告本身的传播效果一流，却没起到激发用户购买的作用。

惠普商用打印机的成功营销正是由于广告的精准投放，有效激发了用户的购买行为。腾讯借助"京腾娱乐"将每个用户的社交行为数据，与电商购物数据对接，为惠普挖掘了 160 万潜用户。

在潜在购买人群比较多的平台，惠普根据用户的习惯，通过原生广告与用户的对接，用户点击广告就会被引流至电商网站，进而完成购买。这次广告为惠普带来了产品浏览量和销量的双重增长，实现了商品数据及营销信息到购买行为之间的无缝对接。

准确的用户画像是广告投放的决定性因素。数据越多、越准确，机器建立的用户画像就越成熟、越贴近事实，广告投放也就越精准。目前一些平台，不但能通过地域、设备、网络等定向投放广告，还可以通过设置偏好标签来优化广告投放效果。

分类用户属性标签是利用大数据精准投放广告的前提。例如，一位用户在一段时间内搜索过美妆产品，广告营销平台就会默认这位用户在一段时间内对这类产品有需求。

精准投放广告的本质是用户、传播方式、传播渠道的正确性。以往的营销是通过"科学"的手段探知用户需求，进行市场预判，然后覆盖各个媒体渠道，实现大范围传播。而新的营销框架利用大数据技术，进行精细化的广告投放，从而使广告可以准确触达用户。

如何找到正确的人？在现实生活中，每个人都有体貌、头衔、身份等具体特征，这些特征可以准确描述出一个人；在网络世界中，每一个用户都可以被标签化，即通过大数据技术将用户的姓名、年龄、性别、喜好等信息结合在一起，描述出一个虚拟用户，这个虚拟用户与现实中的用户一一对应。

大数据时代，广告不再是简单地传递给用户就算实现了精准投放，而是要通过大数据技术进行分析预测，然后根据个体的喜好和要求，专门量身定制。大数据技术能为碎片化的广告市场带来更精准、更客观的测量，让广告变得聪明、精准，让广告主获得有效的价值传播。

7.2.4 借势营销+借热点营销

早前，华为荣耀总裁赵明在荣耀 9 发布会上高调宣称：得麒麟"心"者得天下，同时，荣耀 9 的品牌形象代言人胡歌也盛装出席。这让现场的"花粉"与"胡椒粉"格外兴奋，欢呼声此起彼伏，为产品的后期营销奠定了坚实基础。

可以说荣耀 9 选择胡歌做代言人是颜值与实力上的双重合作。

在手机圈里，荣耀无疑是一个特立独行的存在，原本可以背靠华为的资本进行广告投放，但还是选择从基层做起，通过营销一步步发展壮大。当其他智能手机厂商在疯狂追求产品外观的时候，它依然专注于手机的硬件与软件配置，一直在坚持自我的"质价比"成长之路。

相应地，在娱乐圈里，胡歌因《仙剑奇侠传》被观众熟知，但突然的车祸让他不得不淡出人们的视野。之后经过一系列的沉淀学习，胡歌的演技日益提升，在演员的职业修养之路上越走越好。复出之后，借助《琅琊榜》更加火爆，让众多观众看到了他的十年成长蜕变之路。

让胡歌代言荣耀9无疑是正确的选择。荣耀9主打两手牌：一手是高颜值，另一手是旗舰级实力。胡歌在娱乐圈既能够算得上颜值超高，又算得上实力突出。所以两者在形象定位上能够做到完美契合。

他的坦诚态度激发了"胡椒粉"对荣耀9的热爱。如果说胡歌对荣耀9的代言是宣传上的加分项，那么荣耀9的独特理念及各种优越功能则是实力上的加分项。综合分析发现，荣耀9深受用户喜欢离不开以下4个原因，如图7-4所示。

首先，荣耀9率先提出了"美得有声有色"这一核心理念。从理念的最表层分析，荣耀9的有声有色，反映出产品在音乐与拍照方面会有更佳的表现。无论是从引领潮流、性能体验的角度，还是从拍照分享和打造音乐现场的角度，荣耀9都堪称"荣耀"，深受用户的喜欢。

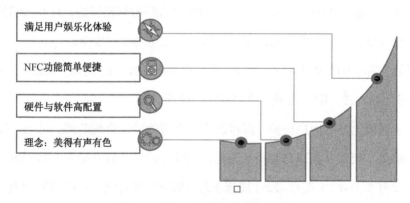

图7-4 荣耀9深受用户喜欢的原因

其次，无论是手机硬件，还是软件，荣耀9都有着极高的配置，具体如表7-1所示。

表 7-1　荣耀 9 的配置与性能

处理器	麒麟 960 处理器
内存	4GB/6GB 两种运行内存方式，机身存储 64GB 起步
显示器	配备 5.2 英寸全高清显示屏
系统	安卓 Nougat 7.1.1 系统
拍照	后置双摄设计，黑白摄像头像素为 2 000 万，彩色摄像头像素为 1 200 万
指纹识别	采用前置指纹识别
外观设计	双面玻璃，颜值炸裂

由此可见，无论是从颜值角度，还是从产品性能角度，荣耀 9 在性能上都更新、更完善，在细节上更优化。这样的匠人精神与匠人技艺也会引起用户的热爱。

再次，荣耀 9 的 NFC 功能简单便捷，方便用户使用。NFC 是一种新型无线电技术，很少应用到用户的生活之中，荣耀 9 却让这一技术落地生根。随着智能手机的发展，微信支付与支付宝支付的方式越来越普及，用户对支付安全也是越来越重视。

为此，荣耀 9 特地采用 NFC，通过打造安全芯片的方式提高用户支付的安全性。此外，荣耀 9 还融合了人工智能，支持众多加密/解密算法，从而大幅提升支付的安全等级，这样就能够从根本上保证手机安全与支付安全。

最后，荣耀 9 能够最大限度地满足用户的娱乐化体验。例如，荣耀 9 采用"同屏+投影"的方式，能够让用户做到观影不费眼。

对于热爱电影的用户来说，屏幕越大，观看体验才会越刺激，才会产生身临其境的感觉。荣耀 9 在这方面毫不逊色。具体来说，荣耀 9 采用无线同屏功能，能够将仅有 6 英寸（1 英寸=2.54 厘米）的手机屏幕通过同屏功能投放到显示屏幕上。这样就能够极大限度地提升用户的观影体验，用户的娱乐感得到了满足，自然也会真心爱上这款产品。

7.3 智能营销案例盘点

对世界来说，变革是美好的，因为生产力获得了提升，但对于有些企业来说，变革很可能是一场灾难，因为一不留神就会从世界顶级的位置掉下来，成为跟随者、被淘汰者。为了不让这样的灾难发生，奥迪、海尔、孚安雷电等都在摩拳擦掌，不断升级营销手段。

7.3.1 奥迪借 VR 营销

奥迪的 VR 营销，基本上围绕着研发、生产与销售三个阶段展开。其中，在研发和生产阶段，VR 大多被工程师与设计师使用，通过该技术强大的呈现和模拟能力来简化流程；在销售阶段，则是为了带给用户更为直观的感受。

奥迪对 VR 的开发与应用也围绕着这三个阶段进行。在很早之前，奥迪就推出了 VR 选车、看车的服务；随后又推出了 VR 装配线技术，使工人可以在虚拟空间调试实际产品；接着又宣布将使用 HTC Vive 让用户能在虚拟空间试驾。

奥迪最早推出的 VR 眼镜 Oculus 和 HTC，用于经销商选车和看车。随着 VR 技术的逐渐发展，VR 眼镜本身的成本并不算高，但支持这套系统运行的计算机成本很高，大概在 1 万欧元以上，而且场景越大，对图形处理和整体系统性能的要求就越高。

目前，VR 眼镜模拟了奥迪旗下的 50 种车型。除了在售车型，用户还能看到一些古董车型。戴上 VR 眼镜以后，不仅可以全方位地看汽车的外在，还可以近距离观察汽车的内在。这个内在不仅指内饰，还包括发动机、内部结构和传动系统等汽车构成细节。但要实现这个效果，奥迪研发部门必须提供所有车

型的数据。

奥迪将可以戴着 VR 眼镜开的车称作 Virtual Training Car。司机戴着 VR 眼镜坐在驾驶位，正对着驾驶位的后排座椅上安装着 VR 眼镜追踪器，用于追踪司机头部的所在位置。VR 眼镜中有正确的画面，画面可以随着头部的摆动而转换场景。

除 VR 眼镜和追踪器外，车里还新增了很多设备，包括实现虚拟现实场景的电脑主机及供电设备；用于车辆精准定位、根据速度和方向盘角度感知车辆变化的车辆定位追踪器；安装在副驾驶前方的操作板等。

当司机戴着 VR 眼镜时，操作员需要坐在副驾驶位上控制系统的开启，副驾驶位上的操作板可以显示司机视野中的场景。与此同时，操作员还负责关注现实世界的情况，在出现紧急事件时帮助司机按下电子手刹键。

与动力系统不同，驾驶辅助系统的场景很难模拟，而且很多并不会在常规驾驶状况下生效，非常容易发生危险。设立一个操作员来掌握刹车，限制车速和保证试驾区域的空旷，都是保证安全的方式。

VR 眼镜还有一个作用是培训经销商。奥迪认为，经销商在向用户介绍车时，亲身经历会更具有说服力。相关资料显示，VR 眼镜投入使用两个半月左右，就有 5 000 余人进行过体验，而且没有出现安全问题。如今，VR 眼镜并不是非常完善的，奥迪还在考虑如何去模拟更多的场景，以及如何提升画质等问题。

奥迪之所以开发 VR 眼镜，是为了让用户能更直观、更方便地在经销商处看车。由于只配备了 VR 眼镜，所以目前的技术只能满足用户"看"的需求，未来，奥迪还计划配备虚拟手套，让用户可以直接上手更换配置。

除了 VR 眼镜，虚拟现实桌（Virtual Training Table）也让奥迪大放异彩。虚拟现实桌由一张桌子和一个显示屏组成。桌子是主控台，显示的是"上帝视角"，即从外部去看功能如何实现；显示屏则是第一视角，即从司机位置感受功能如何实现。

虚拟现实桌下面有 24 个摄像头，用来观察桌子上的物品，以及这些物体的具体角度变化，同时还安装了每个驾驶辅助系统的中央控制单元。例如，A8 上的矩阵式头灯与虚拟现实桌结合在一起，当转动桌子上的车模时，显示屏上可以反映出灯头变化的情况。

另外，通过虚拟现实桌，奥迪可以精准地向用户介绍车的功能，并为用户模拟出想要的场景。可以说，在 VR 眼镜和虚拟现实桌的助力下，奥迪的服务质量有了进一步提升，用户可以享受到兼具场景、感知、美学的消费新体验。

7.3.2 海尔建立 SCRM 会员大数据平台

出于实现智能营销的需要，海尔建立了 SCRM 会员大数据平台，该平台的主要运营商是美国科技企业 ACXIOM。SCRM 会员大数据平台的数据来源主要是用户在网上公开发表的信息，以及注册会员时自主填写的信息。海尔通过分析这些数据来预测用户需求，优化用户体验。

SCRM，即社交化用户关系管理（Social Customer Relationship Management），以用户数据为核心。SCRM 会员大数据平台是海尔唯一的企业级用户数据平台，目前该平台拥有超过 4 000 万个用户的数据，而且每天至少增长 10 000 个用户的数据；同时拥有超过 3 亿个用户标签，以及 10 个以上的数据模型。基于 SCRM 会员大数据平台，海尔在不断探索移动互联网时代的大数据精准交互营销，并顺势推出了"梦享+"社交化会员互动品牌。

海尔提出了"无交互不海尔，无数据不营销"的理念。SCRM 会员大数据平台的交互营销活动主要有 4 项内容，如图 7-5 所示。

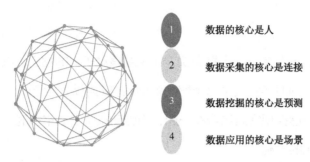

1	数据的核心是人
2	数据采集的核心是连接
3	数据挖掘的核心是预测
4	数据应用的核心是场景

图 7-5　SCRM 会员大数据平台的主要内容

1．数据的核心是用户

海尔要研究的是用户需求，SCRM 会员大数据平台的核心也是用户。因此，SCRM 会员大数据平台打通 8 类数据，深入分析用户，了解用户的需求和喜好，并据此设计和生产产品。

"梦享+"是海尔的上层会员平台，也可以产生很多数据，这些数据被存储在 SCRM 会员大数据平台上。对于海尔来说，除了会员数据，产品销售数据、售后服务数据、社交媒体数据等也非常重要。

SCRM 会员大数据平台目前存储了 1.4 亿个用户数据，海尔对这些用户数据进行了清洗、融合和识别。通过用户数据，利用数据挖掘技术，预测用户什么时候又要购买家电，以进行精准营销。同时了解哪些用户比较活跃，重点满足他们的需求，实现交互创新。

2．数据采集的核心是连接

数据不等于有价值的信息，只有连接之后，两者才可以实现转化。海尔以用户数据为核心，全流程连接运营数据、社交行为数据、网络交互数据等。通过这样的连接，海尔把分散在不同系统中的数据进行融合和清洗，最终识别每个用户，获得姓名、电话、年龄、住址、邮箱、产品等信息。

SCRM 会员大数据平台获取了用户在网上的行为数据，为用户打上数据标签，生成 360 度用户视图。目前，海尔已经连接 1.4 亿个线下实名数据、19 亿个线上匿名数据；生成的 360 度用户视图的标签体系包含 7 个层级、143 个维度、5 236 个节点。

3. 数据挖掘的核心是预测

数据挖掘的核心是预测，即预测用户下一步的行为，或对已有产品的新需求。海尔经过数据融合、用户识别，生成数据标签，建立数据模型，用量化分值定义用户潜在需求的高低。

4. 数据应用的核心是场景

数据的灵魂是应用，而应用的核心是场景。场景分为线上场景和线下场景两种。线上场景包括上网浏览、电商购物、线上社交等；线下场景有居家生活、实体店购物、电话交流等。无论用户出现在哪一个场景，都需要海尔在正确的时间、正确的地点，满足其正确的需求。

现在，海尔的 SCRM 会员大数据平台正逐渐走向产品化、常态化。为了进行线下精准交互营销，SCRM 会员大数据平台还开发了海尔营销宝和海尔交互宝两个产品，它们的主要作用是帮助设计师和研发人员更全面地了解用户，做出用户需要的产品。

7.3.3 孚安雷电通过互联网实现精准营销

孚安雷电具有防雷专业工程设计和施工乙级资质，多次在政府采购中心投标并中标。该企业致力于雷电防护设计及施工，项目广泛应用于政府、军队、电力、通信、交通、建筑、银行、医院、学校、广电等多个领域。

孚安雷电设计及施工的防雷工程涉及建筑低压配电、校园计算机网络、卫星接收系统、智能楼宇、安防监控系统、疾控防控中心、长途枢纽工程及住宅小区等。

为保证工程质量，孚安雷电建立了内部验收体制，经质检部验收合格才能交付用户使用。

在孚安雷电中，一共有 5 支施工队伍，包括针对建筑低压配电系统（加装SPD）的施工队伍；针对计算机网络和信号系统的施工队伍；针对卫星、有线电视、宽带、专线的施工队伍等。

最初的孚安雷电负债累累，新接手的负责人因为在通信、电信领域工作过，明白防雷技术对通信等领域的重要性与必需性，所以多把项目集中在自己原来熟悉的领域里。另外，互联网的快速发展让负责人感受到前所未有的压力，于是便琢磨起网络营销。但因为"防雷"领域的专业性较强，所以，在百度人员的建议下，孚安雷电选择了搜索推广这种营销新模式。

对于孚安雷电来说，在杂志、电视等平面媒体上做推广的成本太高，而且规模很受限制，要把详细信息不断地缩减、再缩减，效果并不明显。而百度推广可以让对防雷领域有兴趣的用户直接找到官方网站，网站没有规模限制，可以将所有的信息都展现出来，从而使更多的用户深入了解孚安雷电。

百度推广大大提高了孚安雷电的流量，咨询电话也逐渐增多，业务也在不断拓展。之前，孚安雷电的业务只局限于通信与电信领域，做了百度推广之后，很多其他领域的用户也通过网站上的电话进行咨询。

例如，有家医院搜到了孚安雷电，并与孚安雷电进行了非常成功的合作。为了提升影响力，孚安雷电对医院进行了市场调研和策略调整，随后发现这个领域对防雷的需求很大，可以成为下一个业务拓展重点。

孚安雷电进行百度推广以后，每月只需要支付一笔竞价排名费用，就可以取得比较好的效果。相关数据显示，通过百度推广，孚安雷电的销售额有了很大提高，销售人员的数量从 36 名降到 15 名，业务提高了 30％，销售成本下降了 12.5％，销售收入稳步增长。

孚安雷电在几个新领域里打下了基础，专业知名度也有了显著提高，网络精准营销的效果显而易见。通过网络精准营销，孚安雷电可以直接对接用户需求，及时调整自己涉及的领域。与此同时，孚安雷电还通过一些新技术进行效果分析，调整营销手段，优化网站，进行用户识别，提供在线服务，不漏掉任何一笔生意。

第7章

第 **8** 章

智能制造与服务智能化

传统制造企业往往把工作重心放在零售和营销上，但对于某些产品，特别是那些大件的家用电器或者非常贵重的奢侈品来说，如果没有很好的后续服务，就会影响消费者的购买欲望。因此，要想让消费者做出正向决策，服务是绝对不能忽视的一个环节。

8.1 智能服务的三大技术支撑

与之前的服务相比，智能服务显然是新在技术上，如云计算、ICT、AR/VR等。在技术当道的时代，制造企业的比拼依旧会围绕着用户、产品、服务展开。由此来看，制造企业最应该做的就是，利用技术来优化用户体验，提高产品质量，提升服务水平，只有这样，才可以推动自身的发展。

8.1.1 云计算：实现"按需+主动"的服务

云计算是一种超级计算模型，它借助虚拟化技术将巨大的软硬件资源整合在一起，实现更高效的计算能力，为用户提供各种 IT 服务。

云计算平台以租赁的方式，帮助没有硬件设施的用户获得计算能力。但在规模较大的场景下，繁复的手动操作不仅容易出错，还会浪费用户的时间。这时就需要通过自动化技术将操作抽象化。

云计算的核心是海量数据的存储和计算，本质是虚拟化技术的应用。用户可以很容易地利用"云"中的 SaaS 服务、PaaS 平台和计算硬件及 IaaS 网络资源，整合公共网络的计算能力，实现对复杂的自动化信息系统的控制。

数据对于用户服务而言，同样非常重要。有了云计算提供的数据后，企业可以为用户制作出精准的画像，并在此基础上提供更加符合用户需求的服务。

玖富是中国移动互联网金融综合服务平台，成立于 2006 年。在十多年的发展期间，玖富积累了各种各样的数据。当用户需要服务时，玖富就会根据用户留存下来的数据提前制定一份服务方案，极大地提高了服务效率和服务质量。同时，玖富还借助数据，对用户进行分类，根据后台任务列表和一些比较流行的方式与用户的互动，提升服务的精准性和有效性。

云计算的发展同样也为用户联络中心的发展提供了新的动力，开创了新的发展方向，提供了更好的体验。

有一家企业希望通过向用户了解几个问题，来确定产品的外观。通常的做法就是由客服人员直接打电话给用户来沟通此事，而该企业的解决方案是以自动化、智能化的方式来完成工作的，这样既节省了成本，又减少了对用户的打扰。

具体来说，系统会通过短信、微信或其他文字沟通的渠道自动向用户发送一个问题，由此启动一个交互流程，进入双向对话状态。信息所传达的内容如下："您是否有兴趣帮助我们回答几个问题，答题完毕可以获得 30% 的优惠。"

另外，信息的后面还要附上一个链接。如果用户感兴趣，点开这个链接，就可以花费一两分钟的时间在跳转的页面上填写相应的答案，之后再提交即可。通过用户提交的答案，用户联络中心的客服人员就可以主动打电话给这位用户，提

升工作效率。

用户联络中心提供的自动化服务离不开用户融合系统和记录系统。其中，用户融合系统支撑着企业与用户交互的整个过程，体现着用户联络中心解决方案的全渠道能力；记录系统保存着有关用户和所有业务的数据，与企业的 CRM 系统紧密集成，融入用户联络中心解决方案。

通过这些不同系统之间的完美集成，云计算才能成功地实现用户服务的自动化。如今，很多工作都可以通过自动化来完成，这可以大幅度提升用户体验和客服人员的工作效率，也可以给企业带来巨大的利益。

8.1.2 ICT：重新定义产品交付形态

ICT 是信息技术与通信技术相融合而形成的一个新概念。随着云计算、大数据、人工智能等前沿技术的发展，ICT 也有了新的功能，成为活跃的领域之一。ICT 与实体经济融合在一起，可以加速驱动社会和传统行业的转型升级。

不同于之前的产品与用户、企业与企业之间的低互动性，ICT 正在重新定义产品的交付形态，延伸产品的智能服务功能与智能互连。如今，企业交付给用户的不仅仅是硬件产品，还包括软服务，依托产品的智能感知与联网功能，企业还可以进一步提供增值服务。

国外将 ICT 应用得比较好的企业是小松。从开发康查士车辆信息管理系统，到推出 VHMS 系统，再到研发自动运输系统（AHS），实现实时监控、集群预防性维护，小松一直在进步。近几年，小松又创新地提出智能施工解决方案。ICT 的互连服务使得小松通过服务生态化、系统化和产品智能化实现新的价值增值机会。

青云是一家技术驱动的企业级云服务商和云计算整体解决方案提供商，是国内云计算领域少有的自研核心架构的云平台服务商。青云致力于企业级 IT 和 CT 的创新及变革，目前正在构建一个更全面的整体 ICT 交付体系，涵盖计算、存储等资源层，以及完整的骨干网服务，并通过 App Center 完成面向用户需求的应用与功能交付。

青云不断提供底层技术支持，对合作伙伴进行再整合，联合更多合作伙伴推广企业级应用的开发与交付市场，为企业提供更多贴近业务场景的综合解决方案。

青云推出的"光格网络"，把公有云服务时的秒级调度和灵活资源调配发挥到了极致。光格网络全方位覆盖企业的广域网需求，实现企业在云端、数据中心和企业分支三者之间的任意互连。

另外，光格网络还结合青云的产品与服务，轻松实现混合云组网，将 IT 和 CT 以全新的方式融合在一起，重新定义 ICT，将一键式交付、秒级计费的新理念带入了云端和终端，为用户提供更加便捷、高效的云网一体化服务。

对制造业而言，在 ICT 广泛应用的基础上，围绕人工智能、大数据和云计算等技术，提供预测性维修和主控式创新服务是很好的转型方向。

8.1.3　AR/VR："多维度+多感官+人性化"的真实体验

近年来，越来越多的企业开始应用 AR 和 VR，之所以会出现这样的情况，主要就是因为这两项技术可以提升用户的消费体验，从而帮助企业招揽更多的"生意"。

对于 AR 和 VR，一些专家认为，AR 更适合改变用户体验，而 VR 则更适合辅助企业，其实这种观点比较有道理。下面先来说一说 AR 是如何改变消费体验的，主要包括以下三个方面，如图 8-1 所示。

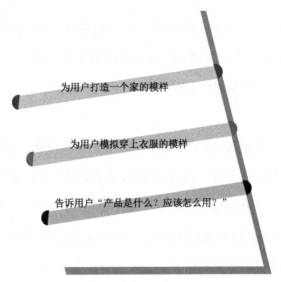

为用户打造一个家的模样

为用户模拟穿上衣服的模样

告诉用户"产品是什么？应该怎么用？"

图 8-1　AR 改变消费体验的三个方面

1．为用户打造一个家的模样

在 AR 中，"AR+家居"是非常重要的一环，就像乙方在提案时必须将所有图片"PS"到甲方的现实使用场景当中那样，用户也想看到自己购买的家具放在家中究竟是什么样子，而不希望只靠自己的凭空想象。

一般来说，AR 可以让用户看到新家具放在家中的真实模样，帮助用户决定家具应该放在家中的哪一个位置。在这一方面，宜家(IKEA)和 Wayfair 做得非常不错，这两个家居企业都引入了 AR，以便为用户模拟家具摆放的真实场景，使用户的消费体验得到了极大提升。

2．为用户模拟穿上衣服的模样

在购买衣服的时候，用户最先想到的问题一定是"我穿上这件衣服会是什么样子"，而 AR 就可以帮助用户回答这一问题。所以，要想让用户获得好的消费体验，企业就应该尽快引入 AR。其实，除了服装，化妆品、配饰、鞋帽等产品也可以通过 AR 让用户提前尝试。

曼马库斯百货为消费者提供一面嵌入了 AR 的"智能魔镜"，消费者可以穿着一件衣服在这面镜子前拍一段短视频，然后再穿上另一件衣服做同样的动作，这样一来，消费者就可以通过视频对两件衣服进行比较，并从中选出更加满意的那一件。

更重要的是，消费者不只是可以比较两件不同的衣服，还可以比较同一件衣服的不同颜色，这样就避免了一种颜色一种颜色地试穿所带来的麻烦。相关数据显示，引入 AR 以后，曼马库斯百货的盈利有了很大提升。

3. 告诉用户"产品是什么？应该怎么用？"

对于任何企业来说，都希望能在货架上就让用户了解并购买自己的产品。因此，大多数企业开始利用智能手机和用户进行互动，例如，通过用手机扫描二维码的方式，让用户得到产品的详细信息，并了解其用法。

在星巴克上海烘焙工坊中，消费者可以通过淘宝 App 的"扫一扫"功能和 AR，观看烘焙、生产、煮制星巴克咖啡的全过程。不仅如此，消费者还可以真切地感受到星巴克工坊中的每一处细节。

该 AR 方案是由阿里巴巴人工智能实验室和星巴克联合开发的。阿里巴巴的工作人员指出，这次合作是 AR 室内大型物体识别技术在全球第一次大规模的商业应用。由此看来，在引入 AR 的过程中，企业完全可以借助外部的力量，不一定非要闭门造车。

说完 AR 对消费体验的改变，接下来说一说 VR 对企业的辅助，主要体现在以下两个方面，如图 8-2 所示。

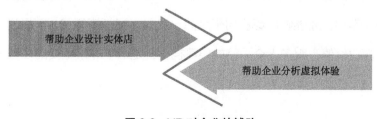

帮助企业设计实体店

帮助企业分析虚拟体验

图 8-2　VR 对企业的辅助

1．帮助企业设计实体店

对于企业而言，设计实体店是一件非常麻烦的事情。不过，自从 VR 出现以后，企业不仅可以实现实体店设计的可视化，还可以实现用户流动线的可视化。在这种情况下，企业就可以更加顺利地完成 A/B 测试。

2．帮助企业分析虚拟体验

VR 的第二个作用是对虚拟体验进行分析。具体来说，企业的管理层只需要坐在办公室里面，就可以完成"虚拟巡店"的工作，而且还能掌握产品的实时销售情况。

对于 AR 和 VR 这两项技术，互联网商业顾问叶志荣认为，VR 技术虽为用户带来了身临其境的体验感，但因其对空间及设备的需求高，而且长时间佩戴 VR 眼镜会产生眩晕感，所以 VR 技术注定只是过渡，AR 才是未来影响消费的主导技术。

不过，通过上述内容，其实不难看出，无论是 AR，还是 VR，都有非常重要的作用。因此，即使 VR 可能要比 AR 略逊一筹，企业也还是要提起足够的重视，最好不要朝一头偏。

8.2 智能服务应用的三大领域

智能服务好像一个大熔炉，一切都包含于其中。目前的智能服务除了可以在制造业发挥作用，还能够广泛应用于生活、汽车、视频等领域。可以说，让智能服务产生商业价值，服务大众，使效果可视化，是当下非常重要的任务。

8.2.2 汽车领域：标准化+平台化+模块化

在智能制造时代，你如果需要一辆"蓝色巨人版"汽车，你只需要打开手机上的智能汽车 App，就会发现大到底盘高低、小至汽车坐垫，都可以自己设置。当然，如果你是一个简约的人，那只需要选择"简约"二字，就可以得到一系列简约方案。

如果完成这些，您还觉得很容易的话，那我们再说些汽车的生产流程。现在一些优秀的汽车生产厂家，已经可以做到多种车型的混合生产了，因此，每台生产出来的汽车都是有差异的。混合生产与批量生产不同，因为混合生产容易损失生产的时间和物料，但现在是"私人订制"时代，每一位用户都希望自己与众不同。

由于用户需求具有多样性，生产线必须具备个性化、小批量的特征，这时就需要引入标准化生产模式。这种混合生产的标准化需要对细节进行严格把控。在生产过程中，只要把握住不同汽车的所有关键尺寸，就能实现最终的混合化生产。

平台化和模块化为小批量混合生产提供可能。例如，生产两种不同型号的保时捷，就可以共用同一条生产线，因为装配它们时用的大部分模块也是通用的。这样既可以通过模块的选择和搭配来生产差异化的汽车，又可以让模块的数量大大减少。

对于定制化，有一个最严重的问题就是按需生产。因为用户的选择多种多样，物料必须按需供应，否则就导致浪费。日本丰田在物料控制方面很优秀，我们不妨参考一下。

准时生产（Just In Time，JIT）模式由丰田提出，宗旨是："在需要的时候，按需要的量生产所需的产品。"这意味着要建立一个库存最小的生产系统。丰田在生产汽车时，一般是从后往前推，由后一个工序确定前一个工序。此外，丰田还会根据不同环节所需的物料数量来确定库存，最终实现物料的无阻碍流动。

要实现混合状态下的准时生产，必须按照准时生产方式来解决物料设计。为了满足个性化、多品种的生产方式，需要的物料就必须事前一对一地准备好。当一个新的订单产生时，系统就会用极短的时间做好物料安排，然后通过物流将所有的物料关联在一起。

尽管这些物料之前分散在生产线上、仓库里、供应商里，但最终会在一辆车上相遇。这里所有的一切都是通过系统精确计算，并对进度随时跟踪的，可以将所有物料按照订单的配置准确组装。值得一提的是，丰田连物流送达的时间都有详细规定，目的是保证每辆车的进度。

当然，如此高效的混合生产需要系统规划、设计、开发和实施，这就得付出相应的代价。有些工厂在系统上的投放超过上百亿元人民币。尽管如此，也不能确定这样一个复杂的流程万无一失。为了实现万无一失，对供应和生产流程进行仿真设计必不可少。

例如，丰田的生产流程采用了仿真设计，并进行大量的测试，以保证汽车的质量。当测试出现异常时，工厂随时对汽车进行改进。此外，在物流和生产线的设计上，丰田更是反复研究，以期找到最优的解决方案。

如此庞大的研发成本，如此任性的私人定制汽车，价格会高吗？"不"，甚至还会降低30％。随着智能制造的到来，无线射频、影像识别、机器人等都会逐渐在工厂里出现，工厂与用户可以直接对接，省去销售和流通环节，用户会发现所购买的产品其实会便宜不少。

不仅如此，工厂还为用户节省了时间。现在，用户可以通过像淘宝、京东这样的电商平台实现与工厂的对接。而在智能制造时代，这类平台会慢慢消失，因为智能工厂可以给定制产品一个更低的价格。用户在手机 App 上定制自己的汽车时，直接越过电商平台，在时间上、物流成本上占据优势，一个"省钱就是赚钱"的年代，多赚点有什么不好呢！

8.2.3 视频领域：为《纸牌屋》创造巨额收益

《纸牌屋》由美国第一大视频流媒体服务提供商 Netflix 出品，改编自迈克尔·多布斯（Michael Dobbs）创作的同名小说。该电视剧由大卫·芬奇执导，上线后订阅用户数量迅速增加到 2 920 万。

20 世纪 90 年代，英国 BBC 播出了迷你电视剧《纸牌屋》，也就是老版的《纸牌屋》。多年以后，导演大卫·芬奇拿着《纸牌屋》的改编剧本，在美国到处寻找合作者，但没有人可以肯定一部 20 年前的老剧投入市场后还可以赚钱。

最后，Netflix 接过了剧本，随即展开了"电视剧消费习惯数据库"的调查分析。数据结果显示，老版《纸牌屋》的用户群、大卫·芬奇和凯文·史派西三个元素有高度的重叠区域。也就是说，如果重拍《纸牌屋》，并由大卫·芬奇执导，并由凯文·史派西主演的话，效果一定不会很差。于是，Netflix 用 1 亿美元买下《纸牌屋》版权。

因此，Netflix 拥有两年的《纸牌屋》独家播放权。在这两年内，用户只能在 Netflix 上付费观看。大投入制作重拍的《纸牌屋》是 Netflix 第一部自制剧。制作期间，Netflix 给予导演和剧组足够的自由和创作空间，开播以后备受关注，取得了非常不错的收视率。

Netflix 的《纸牌屋》能够一炮打响有众多原因，其中，精准的大数据分析为其成功提供了基础。下面我们从三个方面对《纸牌屋》的成功做详细分析，如图 8-3 所示。

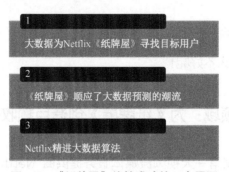

1 大数据为Netflix《纸牌屋》寻找目标用户

2 《纸牌屋》顺应了大数据预测的潮流

3 Netflix精进大数据算法

图 8-3 《纸牌屋》能够成功的三个原因

1. 大数据为 Netflix《纸牌屋》寻找目标用户

订阅用户登录 Netflix 账号后，Netflix 后台记录下用户位置和设备等数据信息。同时，Netflix 还把用户每一次的播放、暂停、回放、停止或评分等观看视频时的动作作为一个记忆单位记录下来，用户点击收藏和推荐到其他社交网络的行为也会被记录下来。

另外，用户每天会给出超过 390 万个评分及几百万次的搜索请求，询问剧集播放时间和其他信息，所有这些都会在 Netflix 的后台形成记忆代码保存起来。

传统的收视率一般只抽取数千个样本，而《纸牌屋》背后的数据库却暗含了 Netflix 多年来积累的数据资源。Netflix 的后台不能明确每一个用户为什么会产生这样或那样的动作，但从用户几千万次的行为就可以明显看出其中的规律。这也就可以解释老版《纸牌屋》的用户群、大卫·芬奇和凯文·史派西三个元素为什么会有高度的重叠区域了。

2. 《纸牌屋》顺应了大数据预测的潮流

在大数据应用还不是非常广泛的时候，Netflix 除了在对导演和主演的选择上顺应大部分用户的偏好倾向，在播放形式方面 Netflix 也使用大数据进行用户习惯的数据分析。结果显示，很多用户并不喜欢传统连载美剧每周播放一集的惯例，也不喜欢在固定时刻守在电视机或电脑前。于是，Netflix 一次性播放 13 集《纸牌屋》，让用户一次看个够。

3. Netflix 精进大数据算法

在《纸牌屋》重拍前，Netflix 已经有了数千万级别的用户，这些用户对 Netflix 的影片给出 1~5 颗的星级评定，相关评论累计超百亿条。根据偏好因素给用户精准推荐影片，就要充分利用数据，所以，Netflix 需要一个"算法"来将数据转化为商业价值。

随着用户的增加和现实需要，Netflix 认为有必要精进网站的算法。按照一般思路，如果 Netflix 要改善算法，可能会雇用新的软件设计人员，改进已有的 Cinematch 系统，又或者开发新的系统。但 Netflix 采取了一个两全其美的办法，那就是拿出百万美元来组织数据建模比赛。一方面，Netflix 想通过比赛来改善自己的网站；另一方面，通过比赛进行宣传和营销，传播 Netflix 的企业文化，并提高 Netflix 的品牌辨识度。

Netflix 的算法比赛规定，任何个人或团队只要把 Netflix 现有电影推荐算法 Cinematch 的确率提高 10%就可以拿到百万美元奖励。比赛公布后的 2 周内就收到 169 个递交方案，30 天后就超过了 1 000 个方案。到比赛截止，共有 186 个国家的 4 万多个团队参加。期间不断地有人接近 10%的目标，然后不断地被其他竞争者打败，比赛前后持续了 3 年时间。

你可能会问，为什么会持续这么长时间？

在 Netflix 最初公布比赛的时候，很多人都认为这个问题并不难，10%很好提升，似乎唾手可得。随后的几个月里，已经有很多参赛者把 Cinematch 的准确率提高了 5%，一年多以后，最接近的方案更是达到 9%。但事实证明，最难的是最后那 1%。

不断有参赛者突破那 1%，但都不是完美的，为此，许多之前的参赛者会自愿重组，再次向那 1%发起挑战。最终，一个叫 BPC 的七人团队获得了总冠军，

这七人分别来自之前参赛者中成绩最靠前的顶级团队。在领取大奖时，七人才第一次真正面对面握手，这说明虚拟合作也是互联网成为突破科研难题的重要媒介。

这次算法比赛的最大赢家非 Netflix 莫属，3 年时间只用了百万美元，就造成了世界级的科研效应，让 186 个国家的 4 万多个团队替自己的难题想尽办法。Netflix 把世界上聪明的人聚集到一起，采用优秀的解决方案，却只需要支付给他们不多的工资。要知道，Netflix 每年有数亿美元的收入。

另外，由于这场比赛前所未有，奖金高达 7 位数，所以吸引了众多媒体记者的跟踪报道，纸质媒体和新媒体也都在卖力宣传，所以，Netflix 没有支付高额的广告费用就收获了极大的商业效应。最后，Netflix 在这三年间也网罗了全球一大批优秀计算机、数学、心理学等方面的天才。

Netflix 应用大数据指导《纸牌屋》的导演和主演的角色定位，同时采用符合用户观看习惯的播放形式，在大数据算法改进上，创新性地用竞争模式吸引了全世界科研人才的目光，这一系列的动作，为《纸牌屋》后来的巨大成功提供了技术支持和人才保证。

8.2.1 生活领域：智能医疗服务，减少误诊

总体来说，智能服务的应用前景非常广阔，其中就包括医疗。在医疗领域，误诊的危害非常大。诊断的目的是确定疾病的真实情况，然后采取有针对性的治疗，使患者保持健康。因此，在临床研究过程中，因主客观因素而出现的不及时、不全面及不正确的诊断都叫误诊。

误诊主要分为责任性误诊和技术性误诊，产生的原因大致有以下三个，如图 8-4 所示。

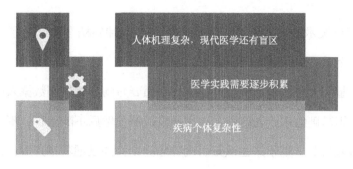

人体机理复杂，现代医学还有盲区

医学实践需要逐步积累

疾病个体复杂性

图 8-4　误诊的三大原因

一是人体机理复杂，现代医学还有盲区。虽然现代医学发展迅速，但由于人体机理的运行机制非常复杂，医疗水平还远没有达到完全识别和控制的水平。所以，医生能够对症治疗的疾病比较有限。

二是医学实践需要逐步积累。医学是一门经验科学，经验丰富的主任医师都是在对病例的不断积累中成长起来的，这个过程中不可避免地发生一些误诊、漏诊。医院要建立严格的规章制度和防范措施，避免发生严重不良后果。正面经验和负面教训都值得医生学习。

三是疾病个体复杂性。目前，人类对很多疾病的本质仍不清楚，也很难彻底了解各种病毒或病菌在人体内的繁殖变异机制，尤其是一些传染性强、隐匿性强、不典型的疾病。另外，同一种疾病在不同患者身上的表现不一样，这也是影响误诊的客观因素。

相关资料显示，某些疾病的误诊率甚至大于 40%，其中，肿瘤是误诊"重灾区"。肿瘤是指机体的局部组织细胞内生成的异类新生物，对机体产生不良影响，甚至导致机体死亡。现代医学对某些肿瘤的治疗已经取得很好的效果，但目前人类还未找到根治的办法。

智能服务应用在肿瘤上的主要方向是肿瘤精准医疗。精准医疗是一种以个体化医疗为基础的新型医学概念与医疗模式，是综合运用大数据分析、基因技术和生物信息技术开展针对性治疗的前沿科技。肿瘤精准医疗除了可以治疗肿瘤，还有一个重要作用是降低误诊率。

另外，基因大数据也是精准医疗的一个重要方向。将基因数据入库，结合病史和用药史等基础信息，为诊断和决策提供依据，然后不断累积，形成行业大数据指南和行业共识。基于这些认知研制肿瘤药物，并且把药物开发作为基因大数据的终极应用。

癌症大数据企业 Flatiron Health 总部位于美国纽约，该企业旨在为解决癌症治疗问题提供大数据服务。特纳和扎克·维恩伯格是企业的联合创始人，在创立企业前，就读于沃顿商学院经济学和企业管理专业，之前他们并没有任何生物学背景。

Flatiron Health 创立之初就把目标定在医学界最复杂、最艰难的研究领域：癌症治疗。

第一步要做的就是大数据收集工作，包括大量结构化、非结构化的数据。在美国，只有 4%左右的癌症病人数据被完整、系统地收集起来，Flatiron Health 要做的就是收集其余的 96%。毫无疑问，这是一项艰难的浩大工程。为此，Flatiron Health 采用了匹配算法，该算法能够精确定位实验室报告中有价值的数据。

另外，在 Flatiron Health 的云平台上还有模块性内容，包括分析模块和电子病历模块，目的就是使数据自动化，利于反馈和纠正错误。

前几年，Flatiron Health 获得由药企大佬罗氏领投的 1.75 亿美元 C 轮融资。Flatiron Health 能够获得新一轮资本支持不仅仅因为它在癌症治疗领域的超前概念，更显示了大数据在医疗行业的潜在力量，因为资本往往是最敏感的。

大数据除了在肿瘤、癌症等方面的前瞻性应用，在医疗领域的其他方面也有应用案例。比如，在临床诊断方面，大数据可以全面分析患者疾病指数和用药指数，针对结果制定治疗方案；在临床决策上，把医生处方方案和数据库进行对比，提示患者的药物不良反应等，降低医疗风险；在共享临床医疗数据和保护隐私的前提下，公开临床医疗数据，帮助医疗企业，特别是新药品研发企业获取更多的真实数据。

大数据医疗正在向着精准化、个性化的方向发展，医疗领域的部分企业已经走在了大数据分析的前列。在国家层面上，政府也在积极推动医疗领域改革，引导自主健康体验，让健康数据真正服务于大众，完善移动支付体系。让优质医疗资源惠及农村偏远地区，以及"大数据+医疗"覆盖预防、治疗、康复和健康管理等整个生命周期。

8.3 如何促进服务智能化升级

服务智能化是经济发展的必然要求，也是加快制造企业转型的重要途径，更是中国制造业由大转强的必然趋势。所以，我们必须把促进服务智能化的升级提上日程，并为实现此目标制定一系列配套措施和解决方案。

8.3.1 由工业制造向工业服务积极转型

自动化设备和人工智能的相互碰撞，为制造业带来了新的发展动力。这两种新技术的融合为经济发展注入新的动能，新技术不断冲击着生产流程、生产模式和供应链体系。

AI与制造业的深度融合不但加速了新产品的开发过程，还彻底颠覆原有的生产流程，提高用户在生产中的地位。用户可以参与产品研发、生产制造、迭代升级等环节，自定义自己所需要的产品，从而推动企业向大规模定制转型。

AI 最大的作用是提高运算效率，降低连接成本。通过 AI，制造企业可以直接连接用户，拓展业务边界。上海汽车充分利用自身所拥有的丰富场景，加快前沿技术布局，持续推进智能化研究与商业化应用。

上海汽车是如何通过 AI 让服务不再"硬邦邦"的呢？具体有三个方面，如图 8-5 所示。

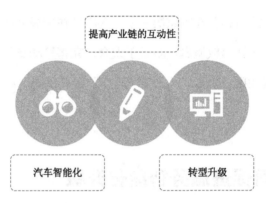

图 8-5　上海汽车应用 AI 示意图

1. 汽车智能化

AI 下的汽车产业更加开放、层次更多，更注重数字服务，是一种全新的业态。汽车不再像过去那样只是一个产品，其硬件价值不断被削弱，高科技零件、数字化内容、自动化操作系统、人工智能视觉系统等一系列内容构成新的价值体系。

上海汽车建立了中国第一家汽车 AI 实验室。该实验室聚焦了上海汽车丰富的应用场景，打造基于 AI 的"大脑"。上海汽车将业务布局与技术发展的重点放在智能驾驶决策控制器、人机交互车机系统、车用高精度地图及车联通信等方面。

2. 提高产业链的互动性

AI 能够帮助制造业实现大规模精准定制，满足企业消费升级的需求。企业根据用户需求定制产品，实现按需生产。通过技术创新，企业可以重新定义价值链的各个环节，转变为 C2F 商业模式，让用户对接工厂。

上海汽车让 500 多万名用户深度参与产品开发、制造、销售的全过程，打造影响汽车全产业链、价值链的大规模个性化定制（C2B 项目），让产业链变得更灵活，更适应用户需求。

3. 转型升级

上海汽车从传统制造商，向出行服务与产品的综合供应商转型，向服务化方向发展，比之前变得更"软"。要想达到上海汽车这样的效果，首先要进行一次价值重构，将自己变成技术平台提供商、汽车生产商、行车服务提供商、数字化内容提供商等。

如今，上海汽车整合了分时租赁和汽车租赁业务，目标将自己打造成一个功能全面的智慧出行服务平台。与此同时，结合当下互联网汽车产品的相关资源，将服务覆盖到网约车、影音娱乐等领域。

AI 对上海汽车服务的理论都要通过实践进行完善的。上海汽车引入 AI 正是制造业转型的一次成功尝试。

8.3.2 优化运营环境，"节约+清洁"发展

卡特彼勒是全球最大的工程机械和建筑机械生产商，也是柴油机、天然气发动机和工业用燃气涡轮机的主要供应商，在品牌、渠道上都有着强大的竞争力。即便有如此强大的行业地位，卡特彼勒仍通过开发生产性服务系统来促进产品的销售。

卡特彼勒通过全球的代理商网络，建立了服务系统，并提供"生产商用户服务合约"（CSA）。该合约以用户需求为核心，服务内容高度灵活，为用户提供产品的周期性维护保养、定期的液压系统检查维护，以及定期的设备检查。

推行 CSA 后，卡特彼勒可以将精力集中在工程上，供应商按照合约为工程提供状态良好的设备，及时解决出现的问题。通过产品和生产性服务的互补，卡特彼勒既解决了施工企业后顾之忧，又能大幅提高制造商和代理商的销售额。

但生产商和代理商承担不了遍布各地的工程机械的服务，这就要求他们必须联合各地的维修企业和租赁企业，共同组成一个服务系统来完成合约内容。这又给修理企业和租赁企业带来新的市场，实现共赢。

卡特彼勒在中国建立了办事处、培训和产品服务中心，以便为日益增长的用户提供及时全面的服务。5 个代理商组成经销服务网络，为各行各业提供适用的机器和设备，并给予综合性售后服务，提高用户在作业中获得的经济效益。卡特彼勒计划在几年内培养 2 000 名服务工程师，让他们能够在 3 小时以内到达现场，为用户解决问题。

分销系统是卡特彼勒的竞争优势之一，其代理商遍布 197 个国家和 36 个地区，几乎都是当地企业。这些企业与卡特彼勒之间是独立的关系，这反而提升了产品和服务的价值。卡特彼勒通过全球代理商网络为用户提供关键的、有竞争性的平台，许多代理商与用户保持了至少横跨两代人的业务关系，这可以打消合作中出现的不信任感。

此外，卡特彼勒通过全球 1 600 多个网点的租赁店系统，向整个建筑行业提供短期和长期的租赁服务。卡特彼勒旗下的物流企业通过全球 25 个国家的 105家办事处和工厂为超过 65 家企业提供供应链整合方案，主要包括工业、技术、电子产品、制造业物流及其他细分市场。

卡特彼勒还提供融资服务，通过设立在全球 80 个国家的 40 多家办事处向用户提供多种融资方案。借助并购，卡特彼勒不仅扩张了原有产品的生产与销售，还实现了向新领域的迈进。

与此同时，卡特彼勒还将生产基地扩展到全球各地，将技术中心、分销商体系、融资租赁等网络铺设战略市场。通过产品与服务的深度融合，服务分销网络的创建，卡特彼勒实现了前所未有的发展与增长。

(8.3.3) 完善售后服务，促进用户口碑传播

随着产品的同质化及竞争的加剧，售后已经成为企业保持或扩大市场份额的关键。现在，凡是优秀企业，如海尔、阿里巴巴、京东、大众等，都有一套独立且完善的售后体系。对用户而言，企业是否有完备的售后体系非常重要，毕竟再好的产品，都有可能出现问题。因此，企业必须坚持以用户为中心，全力做好用户售后管理，维护自身的形象和口碑。

要做好售后管理，企业必须组建一个能满足用户需求的队伍，同时还应该确保这支队伍能够高效运作，为用户提供及时、高效、专业、快捷的全程式服务。除此以外，企业各部门之间也要紧密配合，当用户有售后需要时，任何员工都要具备为用户解决问题的意识与能力，使用户的反馈能够快速得到解决。

一般情况下，直接负责售后的是服务部门。当用户提出售后的要求，或对产品投诉以后，服务部门首先要对用户的反馈进行判定，指导用户试着自己排除故障，必要时再安排相应的员工进行上门服务，以解决问题。

2019年6月，一位别克凯越的车主投诉自己的汽车在保养后出现了问题，具体情况是这样的：在行驶的过程中，汽车的引擎盖突然冒起白烟，于是车主就找到经销商再次检查，发现是因为上次保养时，工作人员大意在引擎盖内落下了一条白色抹布。

经销商并没有因为事情影响不大就选择置之不理，而是严格按照别克的服务承诺（见图8-6），进行高效处理，做好自己该做的事情，真正服务到细节。

主动　　　　专业　　　　高效　　　　尊崇

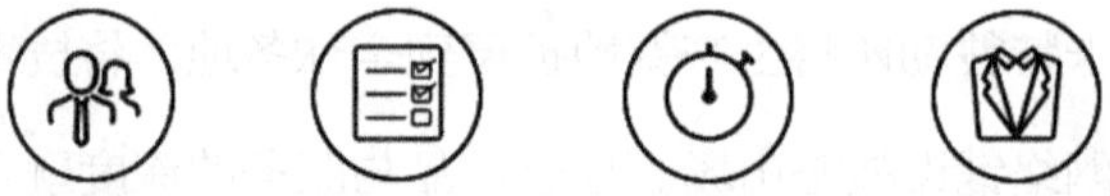

图 8-6　别克的服务承诺

由此可见，热情、真诚地为用户着想才能使用户满意。所以，企业要以不断完善服务质量为目标，以方便用户为目的，用一切为用户着想的服务来获得用户的认可。

第3部分
智能制造与发展趋势

第**9**章
世纪大变革：智能制造效应矩阵

智能制造的到来，打破了以往人类在工业文明中的旧有模式。同时，智能制造的综合效应也随着全球资本的流动和布局变得越来越明朗。可以说，从资本到制度，再到模式，智能制造引领了一场新的世纪大变革。处在风口的企业家、实业家们也在积极拓展新的版图，试图抓住稍纵即逝的绝佳机遇。

9.1 资本布局：瞄准赚钱的领域

资本的流动和布局是推动世界经济快速发展的重要动力之一，也就是说，投资者们将巨额资本投向最可能赚钱的领域，同时，这些投资者们拥有敏锐的眼光、长远的计划和务实的商业目标。

除此以外，在客观上，每一次工业变革都有资本的影子，在智能制造时代同样也是如此。资本这双无形的手将某些企业推向世界的风口，也将某些企业弃之一边。本小节，我们来分析一下谁能站在风口看世界，谁又能脱颖而出。

9.1.1 飞猪理论：谁能站在风口

"站在风口上，猪都能飞起来！"这是小米创始人雷军说过的一句话，被称为"飞猪理论"。此话一出，便迅速成为创投圈的流行语，这似乎也是"互联网思维"准确的解释。于是，很多人都在积极寻找风口，希望自己可以成为下一个被冲上云霄的"猪"。更多的人对此解释为：只要选对了方向，找准了时机，再笨的人都能够冲上云霄。

雷军的"飞猪理论"曾一度遭遇误读，真正的意思是：飞猪并不是空谈的，任何人想要在某一领域获得成功，都需要一万小时苦练。因此"机遇+努力"才能成为一只风口上的"飞猪"。

雷军的说法和解释说明了风口上的"猪"都是有绝技、会武功的。可以说，雷军是站在大屏智能手机兴起的风口上看世界的那个人。那什么样的人才能够站在风口看世界？按照雷军对"飞猪理论"的解释，如果想成为"飞猪"，至少要满足以下三点条件，如图 9-1 所示。

图 9-1　站在风口看世界要满足的三个条件

1. 一万小时定律

一万小时定律是作家马尔科姆·格拉德威尔（Malcolm T.Gladwell）在《异类》一书中提出的，意思是如果一个人要成为某个领域的专家，至少需要一万小时。这是一个人完成从平凡到非凡的质变的必要条件。

2．善于变通

飞猪之所以成为飞猪的原因还在于抬头看风向变化，善于变通。优秀的企业领导者会在风口将要发生变化或正在发生变化时，及时调整方向。

3．顺势而为

优秀的企业领导者站在风口看世界不仅仅是享受风口带来的优越，更是要占据制高点，敏锐地发现新的商机，顺势而为。这样可以避免风停了以后，自己被狠狠地摔到地面。

除了雷军，还有众多的初创企业和成熟企业意图站在风口，俯瞰世界。特别是在资本的诱导下，新的风口正在形成。可以预见，接下来的十年、二十年、三十年，智能制造的一系列新领域、新应用和新技术会创造更多的风口。

9.1.2 阿里巴巴的成功之道

马云创造了一个独一无二的电商帝国——阿里巴巴。2014年9月，阿里巴巴在美国纳斯达克上市；2016年，阿里巴巴的市值超过2 000亿美元；2019年，阿里巴巴年收入接近4 000亿美元，同比增长51%。这些数据显示了阿里巴巴的雄厚实力。

阿里巴巴以"让天下没有难做的生意"为使命，并据此形成了极具特色的电商核心网络新格局。如今，阿里巴巴的业务已经覆盖云计算、金融、物流、文娱等多个领域。

在云计算领域，以阿里云为代表，在金融领域，以蚂蚁金服为主，旗下涵盖支付宝、余额宝、蚂蚁花呗等九大业务子版块。

总体来说，成立20多年的阿里巴巴能够运作得如此成功，除了淘宝非常受欢迎，也得益于完善的新兴产业布局，具体可以从以下3个方面说明，如图9-2

所示。

图 9-2 阿里巴巴的新兴产业布局

1. 阿里云

智能制造时代，云计算成为新的数据处理平台，是未来企业竞争的重点之一。

成立于 2009 年的阿里云是国内最早开拓云计算市场的云服务商之一，也是全球卓越的云计算技术和服务提供商。阿里云的高速增长态势显示了当下市场对云计算服务的巨大需求。可以说，阿里云的成功是阿里巴巴建设电商帝国的又一个成功范例。

2. 蚂蚁金服

作为电商帝国的重要支持力量，蚂蚁金服已经成为阿里巴巴的一个金融"后院"。2018 年 6 月，蚂蚁金服对外宣布完成新一轮融资，总金额为 140 亿美元，折合人民币 982 亿元。

在海外拓展方面，蚂蚁金服疯狂投资南亚、东南亚和东亚国家与支付相关的企业，以加快国际布局进程。在支付安全方面，蚂蚁金服表示，会不断更新技术，为安全支付提供保障。例如，蚂蚁金服曾透露将区块链应用于公益场景的信息，这一动作为金融领域注入了新的活力。

3．泛文娱

除了阿里云和蚂蚁金服，阿里巴巴还以"自建经营+对外投资"的方式，构建了一个庞大的"泛文娱帝国"。近几年，阿里巴巴重组了旗下各项文娱业务，产生了众多新的事业群，如阿里影业、阿里音乐、阿里文学、阿里游戏、阿里体育等。

经过重组以后，阿里巴巴的文娱帝国算是初具规模。之后，阿里巴巴还投资了很多文娱企业，总金额高达数十亿美元，主要目的就是形成"内容+明星+硬件"的全产业生态格局。

以上三个方面均为阿里巴巴的新兴产业布局，这也在一定程度上显示了阿里巴巴的强大实力和巨大成功。同时，我们也应该知道，在智能制造时代，即使是阿里巴巴这样的超大型电商帝国也需要积极转型，制定新的策略，这是获得良好发展的重要途径。

9.1.3 软银集团：看孙正义如何"下棋"

日本软件银行集团（简称"软银集团"）曾收购了英国大型半导体设计有限公司——ARM，收购金额为 243 亿英镑（约合 320 亿美元，2 244 亿人民币）。这是软银集团有史以来金额最高的投资，也创下了日本企业收购英国企业的史上最高交易纪录。

毫无疑问，软银集团在 ARM 投下的是巨额赌注，究竟成功与否，还需要时间的验证。软银集团掌门人孙正义却对此项投资信心十足，他认为"物联网"会为未来商业带来巨大机会，而这与软银集团的战略十分匹配。下面我们先来了解一下孙正义和他的日本软银集团。

孙正义，韩裔日本人，自称是第三代华裔日本人。早年，孙正义留学美国，毕业于美国加州大学伯克利分校。在年轻的时候，孙正义就拥有不同常人的思维理念，例如，三周时间通过高中全部课程，大学期间就赚到自己的第一桶金等。

19 岁的孙正义曾给自己定下了 50 年的奋斗目标，即"20 岁时在领域内宣告我的存在；30 岁时储备 1 000 亿日元资金；40 岁时决一胜负；50 岁时实现营业规模 1 兆亿日元。"一路走来，这些人生规划都被孙正义一一实现。

孙正义作为一名出色的营销高手，将当时很难有销路的软件做到了全日本第一名的成绩。同时，孙正义凭借独特的投资眼光投资雅虎和阿里巴巴等企业，这些企业的飞速成长证明，孙正义的策略是非常正确的。

孙正义创建软银集团时年仅 24 岁，多年后的今天，软银集团已经成为全球知名的综合性风险投资集团，并拥有多家世界级企业的股份。就现阶段而言，孙正义投资的很多企业都借着技术的东风一路高歌，他也是赚得盆满钵溢。

总体来看，孙正义为软银集团下了一盘棋，这盘棋中有四大投资布局，如图 9-3 所示。

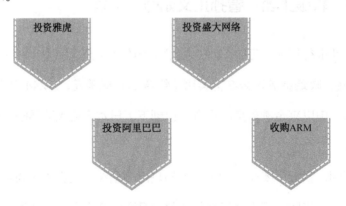

投资雅虎　　投资盛大网络　　投资阿里巴巴　　收购ARM

图 9-3　孙正义棋盘的四大投资布局

1. 投资雅虎

当初，孙正义投资只有 5 名员工的雅虎。一年后，孙正义追加投资 1 亿美元，但当时雅虎也只有 15 个人。要知道，向一个初创企业投资几百万美元是极具风险的事情，因为在 20 世纪末，互联网刚刚兴起，互联网企业还未展现出非常广阔的前景和完善的盈利体系。

对于投资雅虎，很多人都说孙正义是疯了，看中这样一家名不见经传的小企业，但他坚决不为所动。之后，孙正义又追加投资，总投资额超 3.55 亿美元。后来，雅虎顺利在美国上市，孙正义仅仅抛售了 5% 的股票，即获利 4.5 亿美元。

2. 投资盛大网络

孙正义为当时处在最困难时期的盛大网络投资 4 000 万美元，拿到 21% 的股份。一年半以后，盛大网络成功上市，孙正义抛售持有股份，套现 5.6 亿美元。

3. 投资阿里巴巴

相比投资雅虎和盛大网络，孙正义对阿里巴巴的投资则更为成功。据说，孙正义第一次和马云见面，只聊了 6 分钟，便决定给阿里巴巴投资 3 500 万美元。最终经过具体协商，双方将投资金额定为 2 000 万美元。阿里巴巴上市时，作为最大股东的孙正义获利 580 亿美元，成为日本新首富。可以看出，孙正义在 6 分钟内以精准的眼光投资阿里巴巴是成功的决策。

不过之后，软银集团宣布抛售阿里巴巴的部分股份。孙正义的这个做法仅仅是为了套现吗？当然不是。孙正义要为软银集团开启一盘新的棋局，那就是前面提到的收购 ARM 计划。孙正义正在打造一个以物联网为核心的巨型网络。

4. 收购 ARM

在提出以 320 亿美元收购 ARM 的计划之前，软银集团还持有 1 120 亿美元的债务，这些债务让投资者并不看好孙正义的此次收购。为了填补债务空缺，孙正义决定抛售阿里巴巴的股份。另外，孙正义还将大型游戏开发商 Supercell 出

售给腾讯。

在放弃多个优质项目后，孙正义共套现近 380 亿美元。总结起来，孙正义愿意为 ARM 投资的原因一共有 3 点，如图 9-4 所示。

ARM是"芯片之王"

英镑贬值

物联网趋势

图 9-4　孙正义愿意为 ARM 投资的 3 点原因

（1）ARM 是"芯片之王"

ARM 的潜力十分巨大，目前，全球超过 95% 的智能手机都以 ARM 的架构设计为基础，包括 iPhone、Android 设备等。孙正义说："这是软银做过的重要的收购之一。"

其实，ARM 本身并不制造芯片，其运营模式是通过转让许可证寻找合作伙伴，让这些合作伙伴生产芯片。而 ARM 则收取合作伙伴的专利使用费，所以 ARM 拥有高达 96% 的超级利润率。相关数据显示，ARM 在全球拥有超过 100 家合作伙伴。

（2）英镑贬值

因为受到脱欧的影响，英镑大幅度贬值。对海外企业来说，英镑贬值增加了其收购英国企业的吸引力。据估算，此次英镑贬值事件可以为日元买家带来 30% 的降价额度。也就是说，孙正义可以以便宜三成的价格收购 ARM。

（3）物联网趋势

ARM 的芯片在智能手机、智能汽车、智能家居方面具有显著的重要性，可以助力孙正义的物联网布局。另外，在人工智能领域和智能机器人方面，孙正义也表现出了极大的兴趣。收购 ARM 是孙正义的战略补充，尽管现在软银集团面临巨额债务缠身的困境，但这丝毫不影响孙正义对物联网的长远布局。

智能制造时代，物联网必然成为新的趋势，新一轮的文明变革已经开始，这就是为什么孙正义宁可背负巨额债务也要收购 ARM 的重要原因之一。孙正义是一个极具长远眼光的投资者，他考虑的不是每天的增长，而是每十年甚至每二十年的增长。

9.2　制度迁移：股东制走上历史舞台

近两三百年间，雇佣制发生了三次大的转变。第一次工业革命，蒸汽机改变了原有的作坊雇佣制；第二次工业革命，大规模的生产效应带来了工人福利雇佣体系；第三次工业革命，在全球化背景下，被雇用者地位提升。

智能制造的到来，不仅带动制造业和工业的全方位升级，还势必给劳动力市场带来一场颠覆性的革命。全球性的工业革命是雇佣制度转变的原动力，随着智能制造的落地，接下来的十年、二十年，甚至更长时间内，雇佣制必将被其他制度代替，那就是股东制。

9.2.1　当打工者都成为股东

智能制造在给制造业和工业带来颠覆性革命的同时，也改变了劳动者的地位。我们可以设想一下，如果世界上没有了打工者的角色，而是全部成为股东，会是一个什么样的场景？也就是说，社会生产的劳动任务还会继续完成，但完成者的身份发生了实质性转化。人人都能成为一名股东，掌握着企业的发展方向和重大事务决策。

以目前中国的企业角色分配来看，一个企业中有一个人或一小部分人是老板，其余的大多数都是基层员工，为老板工作。打工者的身份决定了企业有老板和员工的区别，老板是下达任务的那个人，而员工是努力完成任务的那个人。

当双方利益发生冲突时，员工非常容易产生懈怠情绪，导致工作散漫、态度消极，没有动力，没有创新精神。员工认为老板太苛刻，老板认为员工太懒惰，同时认为自己付出报酬却没有得到想要的结果。这种看似不可调和的矛盾，是雇佣制本身所带有的特有属性，也可以认为是雇佣制的一大弊端。

如果人人拥有股份，成为股东，便没有了打工者的存在。企业的亏损盈利情况与每个人的年终分红直接挂钩。如果你工作积极，有创新性，企业销售额暴涨；如果你工作懈怠，没有进取精神，企业会亏损，你的年终分红会减少。这种利益关系会让大小股东卯足干劲，切实为企业发展献计献策。当然，目前这种股份制已经十分常见，但我们这里强调的是在智能制造的条件下，世界上没有了打工者。

人的自然属性和社会属性决定了当事事关己时，我们会非常用心，动力十足，没有任何的敷衍懈怠，同时，这也是理想状态下的社会劳动场景。在没有打工者的社会中，顺利经营企业的一种有效方法就是让专门的人做专门的工作。

例如，一家企业有100个来自各行各业的股东，当他们对企业的未来发展和专业方向意见不一致时，可以聘请专业的职业经理人来打理企业日常事务。与当下股份制企业不同的是，智能制造场景下的企业会将大数据分析和人工智能引入重大决策和战略部署中。

9.2.2 中国式合伙人制度

《中国合伙人》用长达20年的时间跨度，详细讲述了三个性格迥异的年轻人奋斗成长的创业故事。这三个年轻人从学生年代的懵懂青涩到实现"中国式梦想"，中间几经波折。特别是在处理企业上市的问题上，本是好朋友、好搭档的三人产生了严重分歧。从企业管理角度看，我们可以得出中国式合伙人制度的四点启示，如图9-5所示。

1. 核心股东的综合能力

核心股东的综合能力有三种。首先，是价值观。在建立企业之前，领导者就要考虑一个问题，即什么样的员工可以持股。因为我和他关系好，所以他可以成为大股东，这是完全错误的管理理念。领导者必须成为核心股东，其他股东也必须有绝对一致的价值观。

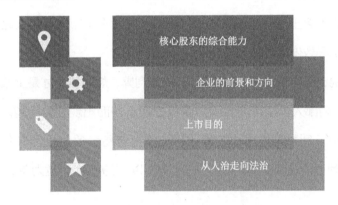

图9-5 中国式合伙人制度的四点启示

其次，是业务能力。成为核心股东还要有"一家专长"的业务能力，或技术，或管理，或战略部署。只有这样，核心股东才不会被孤立。

最后，经受住时间考验。从小企业成长为大型股份制企业的过程中，核心股东需要经受时间考验。没有积淀的企业不会成为一个有内涵的企业，经受不住时间考验的人也不会成为核心股东。

2. 企业的前景和方向

影片《中国合伙人》的时代大背景就是改革开放如火如荼，很多年轻人想走出国门，到外面的世界去看看。因此，出国留学、考雅思或托福成为这些出国者的必经之路。所以，电影中的三个主角办起了英语培训班，并且越做越大，直至上市。可以说，选择一个有前景的行业或领域对企业的发展至关重要。结合未来智能制造的时代特色，大数据分析和人工智能均有广阔的前景，包括行业下的垂直细分领域，如智能机器人等。

3．上市目的

当下，中国开启了新一轮的上市潮，许多企业纷纷上市或准备上市。从社会原因来看，企业大多数比较看中资本。上市以后，企业市值暴涨，大股东即最大受益者。但也不乏出现一些不良现象，例如，高管在上市套现后火速离职，企业发展后劲不足导致停牌等。

也就是说，上市是一把"双刃剑"，权衡利弊，规避风险才是上策。从股权分配来看，企业内部人员很可能会因为股权分配不均而出现分裂问题。如果领导者无法调和矛盾，利益各方坚决不肯让步，就很容易导致企业上市失败，甚至破产。所以，领导者必须明确企业上市目的，以创造社会利益为首，保证大小股东的利益。

4．从人治走向法治

在中国，很多企业实行家族式管理模式，即一个家族的所有成员均参与企业的运作和战略规划。同时，中国的商业圈很讲求人情和关系，这与西方的民主法治精神有很大不同。从这些方面来看，中国的企业需要向外国企业学习，因为人治确实有很多弊端。当然，我们不是说中国的企业没有法治的概念和准则，只是相对人治来说，比较缺乏法治的基因血统。

智能制造带来的大变革要求企业以现代科学管理方式运营，而股份制企业会更容易满足这种要求。因为股份制企业管理中的人为干预因素少，法治理念强。

同时，中国人以往的豪放江湖气质也不适用于智能制造下的股份制企业。例如，某位股东和董事长私下关系甚好，但在企业发展上有不同意见，所以这位股东和董事长在办公室拍桌大喊，完全不顾其他人的感受。在法治型的企业中，这种现象基本上不会出现，因为领导者不会将朋友关系带入职场，可将人为干预因素降到最低。

以上4点启示是以《中国合伙人》为例，结合当下中国企业的部分现状，分析得出的结论及部分设想。可能未来进入真正的智能制造时代以后，会有其他的制度比股份制更适应社会环境的要求。我们只是从当下企业经营管理的角度，对智能制造下的股份制和上市企业做一些大胆想象。同时，合伙人制度也突显了中国企业对不断进步的一种探索情景。

9.2.3 由雇佣转为股份

滴滴和优步合并是移动出行领域亮出的一个特大"结婚证"，两者相互持股，成为对方的少数股权股东。届时，优步将持有滴滴17.7%的经济权益；而优步的其余中国股东将拥有2.3%的经济权益。

作为O2O行业中成熟度最高的细分领域，移动出行领域的任何变动都牵动着众多人的心弦。而其他移动出行企业，如易到用车，需要担心的则是如何应对即将出现的更为激烈的竞争局面。

针对滴滴和优步合并事件，易到的实际控制人贾跃亭强调"下一场专车之战才刚刚开始"。滴滴和优步的合并标志着移动出行格局进入新的战斗阶段。过去疯狂补贴"烧钱"的时代已经结束，未来，移动出行领域强调的是服务和品质。

而消费者关心的是滴滴和优步合并后，出行优惠的活动力度是不是会削减。对优步的800名中国员工来说，何去何从成为当务之急。为此，优步给它的员工发放了一份合并完成现金奖励。我们似乎可以解读出以下四点信息，如图9-6所示。

1. 员工归属

所有优步的中国员工逐步转成滴滴的员工。

2. 现金奖励制度

优步为符合条件的员工提供"6个月的工资+6个月的可归属股票价值"作为合并奖励。

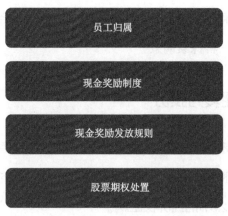

员工归属

现金奖励制度

现金奖励发放规则

股票期权处置

图9-6 优步合并完成现金奖励的四点信息

3. 现金奖励发放规则

现金奖励的一半将在合并完成后的一周内发放，剩下的一半会在合并完成30天后发放。但如果届时员工已经离开滴滴出行或优步中国，那么就无法拿到剩余的一半奖励。

4. 股票期权处置

优步中国的部分高层持有优步总部的股票期权，另外大部分则持有优步中国的股票期权。但完成合并后，这些所有股票期权都将转为滴滴已商定的对等价值股票或期权。

以上四个方面是优步对中国员工的大致归属安排规划。对中国员工来说，拿到这些现金奖励无疑是高兴的，但自己不再是优步的员工了。

从商业运作角度来讲，无论是滴滴、优步，还是易到，行业间的整合并购现象已经司空见惯，分分合合是常有的事情。但对员工来说，企业间的变动会直接影响自己的职场生活。从某种意义上说，雇佣制下，员工的地位是非常脆弱的，也很容易成为利益交换的被动接受者。而股份制则会让员工从打工者的角色变为股东，以保证自己的既得利益。

试想一下，如果这个社会的全部生产元素都进入智能制造的范畴内，劳动力市场中没有了打工者，人人持股，也就不会有上述优步的 800 名中国员工那样的尴尬场景。身为员工，你对企业的生死存活没有话语权，也许今天你的老板姓张，明天早上企业就变成王姓老板的了，而你只能接受这两位老板对你的归属安排，要么留下，要么走人。

让股份代替雇佣的明显优点在于，员工的身份牢固度显著增强，工作动力和热情也被充分激发出来。当然，我们并不认为股份制是智能制造下的必然选择，也许会有比股份制更适合社会发展的人才制度。但以目前的劳动力市场和雇佣制看，股份制是理想的制度之一。

9.3　模式竞争：没有最好，只有更好

模式指的是企业为了实现其经营目标而制定的基本框架。每个模式都有其共性和特性。共性是每个企业都以最终的盈利和发展为总目标，在产品质量、服务体系和创新机制上下功夫；特性是每个企业在实施这些既定目标时，是以自身特

点为基础的。

在大数据分析和人工智能的大背景下，各种技术应用型的创新企业迅速崛起，为消费者带来炫酷的体验，也给整个行业赢得良好的口碑和超高的利润率。

9.3.1 小米：专注产品研发和营销推广

小米是一家科技企业，董事长兼 CEO 是雷军。从创立之初，小米就专注于智能产品的自主研发。现在，小米拥有一系列的智能产品，共计 200 多款，如小米手机、红米手机、小米电视、智能硬件配件及小米生活周边等。

小米旨在打造一套以手机为中心的智能生态链。另外，小米以"为发烧而生"的极致精神吸引了一大批忠实的"米粉"（小米的粉丝代称）。

在营销推广上，雷军为自己的企业开创了一个独特的"先推广后生产"的商业模式，其特点是舍弃高昂的电视媒体广告途经，转而走向"零预算"的饥饿营销方式。作为一种营销策略，饥饿营销指的是企业在产品上市前期大量宣传，以引起用户关注，制造出"供不应求"的现象，例如，苹果就在中国以"限量销售"的手段吸引了众多用户的关注。

如果仔细分析可以知道，小米的营销推广主要有以下三个方式，如图9-7所示。

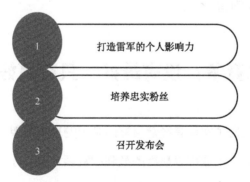

1　打造雷军的个人影响力

2　培养忠实粉丝

3　召开发布会

图9-7　小米的营销推广方式

1. 打造雷军的个人影响力

近几年，雷军亲力亲为打造出了一系列的新概念，如"风口""互联网思维""参与感"和"极致"等。同时，雷军利用"粉丝经济"为自己培养了一批忠实粉丝。另外，雷军本人经常高调亮相，出现在大众面前。这一切，都大大提高了小米在粉丝中的品牌认知度。在小米发布会上，雷军的演讲会有超过200万粉丝同步收听，足以证明他本人的影响力。

2. 培养忠实粉丝

（1）社区官方论坛

小米社区官方论坛是"米粉"们的畅谈平台和大本营。凭借这些"米粉"的超高活跃度，小米获得了良好的口碑。雷军非常了解粉丝的宣传带动效果，也非常善于利用这些看不到的强大力量。可以这样说，小米是在论坛中走出营销第一步的，也是在这里，小米积累了第一批忠实粉丝。

（2）微博

小米在微博做产品的宣传推广工作，迅速吸引了大众的注意力。除论坛外，微博成为小米推广的又一重要方式，而且取得了不错的成绩，这一切都与黎万强有关。黎万强是小米联合创始人，也是一名互联网新营销高手。黎万强非常懂得如何利用互联网吸引用户，留住用户，在雷军的"零预算"压力下，仍然为小米培养出无数的忠实粉丝。

3. 召开发布会

小米召开产品发布会的频率非常高，此举有两个目的：一方面，可以借势推出自己的生态链创业团队，为生态链打造群众基础；另一方面，小米本身的产品非常多，仅手机一项，就有多个系列产品，而且还有智能硬件配件和生活周边等。

实际上，为产品举行发布会是一种线下推广方式。而且，与投入大量的广告费用相比，发布会的费用要低得多。有时候，很可能会产生轰动一时的营销效果。

以上就是小米在营销推广上的技巧。小米综合性运用"粉丝经济+领导人影响力+平台口碑"的技巧为自己吸引了无数粉丝，使得产品在市场上具有很高的占有率。可以说，雷军是将饥饿营销做到极致的人。

在物以稀为贵的价值驱动下，饥饿营销吸引了众多粉丝疯狂预购。同时，小米手机也以超高的性价比赢得了用户认可。因为只有话题和噱头，没有实质干货，粉丝是不会买账的。为粉丝带来极致的体验才是小米模式的王道。

9.3.2 特斯拉：把盈利的过程放缓、拉长

对汽车稍有研究的朋友肯定都知道特斯拉，这一个极具创新精神的开拓性汽车企业，总部位于美国加利福尼亚州硅谷的帕罗奥多。特斯拉一直致力于运用最前沿的技术推动可持续交通的发展，具体表现为其对纯电动汽车的不懈追求。

同时，特斯拉以汽车业最高标准来研发电动汽车，力图减少全球交通对石油的依赖，为消费者带来全新的驾驶体验。简单来说，特斯拉是电动汽车的开创者，并且至今保持着领先地位。不过，电动汽车并没有给特斯拉带来太多盈利，甚至很长时间内都处于亏损状态。

2016 年，特斯拉第一季度营收达到 16 亿美元，较 2015 年上升 45%。但有限的增长还是无法挽回特斯拉持续亏损的状态。造成特斯拉亏损的客观原因之一，是高速扩张直接导致成本和营业费用的持续攀升。

2019 年，特斯拉第三季度营收达到 63 亿美元，净利润为 1.43 亿美元。可见，经过几年的奋斗，特斯拉终于走向成功，获得了相对丰厚的盈利。也就是说，特斯拉距离走上神坛或许已经不远了，这主要得益于以下 3 点原因，如图 9-8 所示。

1. 基础设施建设

在基础设施建设方面，特斯拉已经投入十几亿美元，设计了一系列大动作，例如，增加研发费用，建设超级电池工厂、充电站等。之前，特斯拉在中国建设了 100 座充电站，包含 1 600 个充电桩，纵贯华北—华中、华北—东北等多条线路。

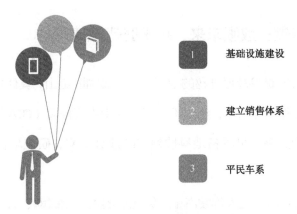

图 9-8　特斯拉实现盈利的三个条件

2. 建立销售体系

特斯拉采用的是线上销售、线下体验的销售模式。以中国市场为例，在进入中国市场的两年时间里，特斯拉已经开设了 6 家直营体验店，还建设了分布在一二线城市的十多个服务和体验中心。这些直营体验店、服务和体验中心充分巩固了特斯拉的销售体系。

3. 平民车系

企业盈利的关键是销售和产品，产品质量高、用户体验棒，销售情况自然不会差。特斯拉以预购的形式让满怀期待的消费者卯足了劲头等待新产品。相关数据显示，过去近十年间，特斯拉只销售了 20 万辆汽车，而其 CEO 马斯克希望到 2020 年可以销售出 50 万辆电动汽车。

马斯克对特斯拉抱以极大信心，因为特斯拉赢在了初期的目标定位上。随着全球石油能源的紧缺及人们对清洁能源的强烈需求，纯电动汽车势必成为焦点。智能制造下的生产对环保要求非常高，所以高利用率、低污染率的清洁能源将成为必然趋势。从这个角度来看，特斯拉在未来必定大有作为，盈利也会越来越丰厚。

9.3.4 谷歌：放眼未来，基于时代做猜想

谷歌 X 实验室是谷歌最神秘的部门，位于美国旧金山，具体地址不详。谷歌 X 实验室的机密程度非常高，绝对不亚于美国中央情报局（CIA）。在谷歌 X 实验室工作的人均是来自世界各地科技领域的顶级专家，研究项目专注于未来高科技。

例如，谷歌眼镜、无人驾驶汽车、智能机器人、物联网、太空升降梯等。尽管这些创意被解决的概率只有百万分之一，但在谷歌 X 实验室里一切都可以成为可能，我们也可以在其中看到未来智能世界的雏形。

你可以用冰箱上网，直接从商场预定食物；智能机器人可以替你回到家中领取重要文件；甚至你还可以乘坐太空升降梯奔向宇宙，这些巧思妙想在谷歌 X 实验室都可能实现。谷歌 X 实验室创造的那些激动人心的研究成果，如图 9-9 所示。

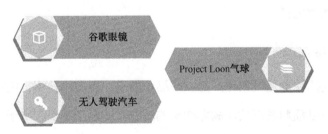

图 9-9 谷歌 X 实验室的研究成果

1. 谷歌眼镜

谷歌眼镜是个外形小巧的可穿戴设备，总质量仅 42 克，配备分辨率为 640×360 像素的投影屏幕，其显示效果相当于 2.5 米外的 25 英寸（1 英寸=2.54 厘米）屏幕。谷歌眼镜搭载 500 万像素摄像头，同时支持 GPS 定位跟踪、Wi-Fi、蓝牙和骨传导音频传输技术。谷歌眼镜的内存是 16GB，其中，可用空间是 12GB，可连接"谷歌 Drive"云存储。

另外，谷歌眼镜还是一款可以"拓展现实"的眼镜，可以像智能手机那样拍摄照片、视频通话、读取电子邮件。使用谷歌眼镜，你可以将双手解放出来，通过声音，甚至眨眼即可操作。作为一款智能可穿戴数码设备，谷歌眼镜为人们带来了不一样的科技体验。

举例来说，当你在骑马时，可以通过谷歌眼镜拍下美好的画面，而不用拿出手机，打开照相机再拍摄。当然，谷歌眼镜也可以作为手机的第二块"增强现实显示屏"，例如，它可以用来查看消息、语音输入、获得交通信息等。总之，谷歌眼镜拥有炫酷的外表和丰富实用的功能。

不过前几年，谷歌宣布在全球范围内停售谷歌眼镜，研发团队从谷歌 X 实验室相关部门被划归到智能家居 Nest 部门。谷歌本身一直在科技业界发挥着示范作用，对于此次叫停谷歌眼镜项目，相关人员表示，谷歌并非停止对该产品的研发，停售是为了更好地研发新产品，但并未给出具体的研发时间表。

2. 无人驾驶汽车

无人驾驶汽车是谷歌 X 实验室研发的一种全自动驾驶汽车，不需要驾驶员操作即可行驶。谷歌 X 实验室的研究员们为无人驾驶汽车安装了摄像机、雷达传感器和激光测距仪，以便汽车可以自主识别路况信息，并通过智能地图等信息设计最优路径。

另外，在商业用途方面，无人驾驶汽车可以应用于出租车领域，汽车独立完成接送乘客的任务，相当于一辆机器人出租车。相关数据显示，如果无人驾驶汽车和机器人出租车能够得到广泛应用，那么路面上将会减少 60% 的汽车，交通事故的发生概率甚至能下降 90%。

3. Project Loon 气球

Project Loon 气球是谷歌 X 实验室推出的一个热气球联网项目。研发团队希望通过 Project Loon 气球将网络覆盖到任何地方，特别是在某些自然灾害发生后可以为灾区提供网络服务，尽快恢复当地的通信设备。

谷歌的布局计划是在距离地面 2 万米的高空中均匀分布一些 Project Loon 气球，然后，利用这些 Project Loon 气球发送网络信号。为了更好地控制 Project Loon 气球，谷歌会对其高度进行上升或下降的调节。尽管某几个 Project Loon 气球会在气流作用下移动，但是总体上仍然保持一致性。经过测试，大部分 Project Loon 气球可以在高空中飘浮停留 6 个月之久。

当然，除了以上几个研究成果，谷歌 X 实验室还有很多其他的不可思议的项目。毫无疑问，这些所谓的的创新性项目需要巨大的资金投入，而谷歌本身的超高业绩可以支持这些研究顺利进行下去。

谷歌 X 实验室是科技巨头为改变世界而设立的，但谷歌不得不面对的一个问题是，对自己感兴趣的项目，那些投资者是否有耐心等待。所以，谷歌 X 实验室在创新的同时也在探索投资人和未来科技之间的平衡。

探索性创新实验走向市场，接受消费者检验是一个残酷的过程，但仍有许多投资者在继续为未来注资。比如，一直处于亏损状态的特斯拉的背后，仍然有金融财团为其注资。在思维理念上，谷歌和小米有很大区别，谷歌关注的是人类更遥远的未来，而小米关注的是当下的世界。但两者都是在用科技的力量创造一个属于自己的生态系统。

　　智能制造带来的大变革是广泛而深刻的，甚至颠覆着人类固有的生活方式，而谷歌探索未来的精神正契合了这种大变革。尽管路途坎坷，但人类探索的步伐不会停止，新兴科技产品的大规模商业化推广会加快智能制造的真正落地。

第 **10** 章

智能制造开发方向与领先策略

随着人类文明大踏步的发展迈进，更多的新兴行业登上了历史舞台。电子商务、线上支付、共享经济等新兴行业都在潜移默化地影响着人们的生活。在我们完全做好准备之前，所有一切都在措不及防的情况下发生，这超出了我们的想象力。不知不觉间，IT 时代已经变成大数据时代，5G、人工智能、云计算等技术也在改变着我们的生活方式，推动着制造业的变革。

10.1 智能制造四大开发方向

对世界的整体发展而言，变革能提高生产力是美好的，但对于制造业来说，这是一场灾难。随着制造业向智能制造转变进程的不断加快，解决变革路上的"绊脚石"势在必行。总结起来，智能制造有四大开发方向：云化机器人、无人汽车、智能家居、3D/4D 打印技术。

10.1.1 云化机器人

云化机器人是智能制造场景中的重要技术之一。云化机器人可以有效组织协调工厂的个性化生产，将信息直接连接至控制中心，通过强大的计算平台对数据、生产过程进行计算和监控，大幅度优化产品的质量。

云化机器人的优势在于将大规模运算转移到云控制中心，这不仅大大减少了对硬件的损耗，并且 5G 低时延和广覆盖的特性也有利于云化机器人在个性化生产中提高工作效率。

云化机器人最理想的网络支撑就是 5G，因为 5G 的网络切片技术可以支撑云化机器人端到端的信息传递，而仅有 1 毫秒的时延也能尽可能保证信息传递的有效性。目前已经有一些企业对云化机器人进行了研发测试，例如，诺基亚就展开了云化机器人的 5G 测试，希望可以尽快建设一个"有意识"的工厂。

在新技术的支持下，工厂的数据分析能力和自动化程度也会显著提高。在制造环节中，机器人数量的增加也有益于自动化水平的提高。这样，供应链就可以在较短时间内推出更满足用户需求的个性化产品，进而促进后期的推广和销售。

在诺基亚智能工厂的所有测试点中，引人瞩目的是大面积的电子屏幕。这个电子屏幕上汇集了传感器收集的来自各个车间的生产流程信息，工作人员可以利用这些信息对生产和制造进行评估。另外，传感器的信息将直接上传到云平台进行分析处理，工作人员可以按照序号追踪每一个正在设备中运行的零件。

诺基亚智能工厂的测试点还使用云化机器人对产品进行组装。在标准化零件的条件下，云化机器人大大提高了组装的效率。除此之外，更多的云化机器人投入到编程工作中，它们与工作人员分工合作，提高了工作人员的编程效率。

5G 和人工智能在制造业中的应用，使云化机器人的发展和普及成为可能。云化机器人能够进一步提高生产的智能化和自动化水平，也可以及时排查设备故障，有效提高生产效率，助力智能制造的实现。

10.1.2 无人汽车

众所周知，谷歌拥有全球最大的搜索引擎，当其确立了全球搜索领域的垄断地位之后，便开始打造新的第一。汽车领域就是谷歌的其中一个目标。谷歌的愿望是开发一项技术，在人们无法开车时帮助他们开车。

其实，谷歌是在描绘一张更加宏伟的版图，因为如果版图太过简单或弱小就很容易被超越。在这方面，做的最好的就是苹果。苹果开发的触摸屏技术成功击败日本笑傲全球的精密电子机械制造业，其股价也以每股 700 美元创历史新高。

苹果取得的成就，谷歌当然也想复制。汽车领域对谷歌来说绝对是一个拥有巨大前景的蓝海市场。美国人的日常生活对汽车的需求量很高，加之全球发达国家逐渐步入老龄化社会，人们对自动驾驶汽车的需求更是空前绝后。

如果后续的上路试验证明无人驾驶汽车可以投入使用，那么对谷歌来说，这绝对是一个好消息。谷歌可以将无人驾驶汽车变成一张垄断全球市场的新王牌。其实早在 2010 年，谷歌的无人驾驶汽车就通过了美国加利福尼亚州法案，这标志着无人驾驶汽车已经被合法化，可以在道路上自由行驶。

谷歌的无人驾驶汽车是在其他汽车的基础上进行改装的，内部有一系列的感应器，如无线电雷达探测器、激光探测仪等。这一系列的感应器可以帮助无人驾驶汽车识别出周围的物体，并清楚地掌握它们的大小、距离。此外，无人驾驶汽车还可以根据周围环境，做出相应的反应。

谷歌的无人驾驶汽车主要在三个方面进行了改装。

一是障碍物识别。无人驾驶汽车的顶部安装了雷达系统，可以探测周围近百米内（这一范围还在不断扩大）的物体，从而避开障碍和其他汽车。

二是交通信号识别系统。无人驾驶汽车内部的摄像头，可以捕捉到交通指示牌和信号灯信息，并发出相应的指令。

三是实时定位系统。无人驾驶汽车的轮胎上安装了传感器，可以根据速度和方位确定当前所在位置，并通过连接 GPS 和 Google 地图找到通往目的地的最快捷道路。

当然，对于追求驾驶速度的人来说，这并不是什么好事，甚至有人认为这样的无人驾驶汽车太过于平淡。对于这种看法，只能用"呵呵"去回应了，因为美国汽车保有量超过 2 亿，交通拥堵才是真正平淡的事情。

IEEE 还推断，20 年后，美国道路上有四分之三都是无人驾驶汽车，物联网会使道路伤亡、交通堵塞和空气污染变成历史。此外，因为无人驾驶汽车能够更加精准地瞄准停车位，停车场的面积使用率也会提高。这对美国甚至世界上交通拥堵的国家来说，是一个非常有意义的创新。

10.1.3 智能家居

人工智能、5G、大数据、云计算等技术不断发展，智能门锁、智能音箱、家用摄像头等智能家居产品纷纷出现。可以说，技术的进步带动了智能家居市场不断扩大，行业间的合作日益密切，智能设备成为家居业发展的新亮点。

以 5G 为例，5G 将整合智能设备，加速整个制造业的发展，这主要表现在两个方面。

1．5G 将统一智能家居配置标准

目前，智能家居产品已经有了初步的发展，百度、小米及其他一些科技企业都在智能家居方面有所尝试。但对于智能家居的整个行业发展来看，难以形成统

一的规模，其中最大的阻力就是智能家居的网络标准不一致。

相对简单的智能家居可能涉及多个网络标准，不同品牌的智能家居也有不同的网络要求，甚至会修改原有的 Wi-Fi，或者自建 Wi-Fi。如果用户家里存在多种品牌的智能家居产品，那将极大地影响用户的使用体验。

而 5G 则会统一智能家居的网络标准，这将打破各品牌之间的网络标准壁垒。此外，5G 还可以将不同的智能设备组合在一起，这样一来，智能家居的安装将变得更加可靠，也扩大了智能家居的使用场景，大大推动智能家居行业的发展。

2. 5G 将提高智能家居产品的性能

除了解决一些连接方面的麻烦，5G 还可以提高智能家居产品的性能，这主要体现在 5G 低时延的特点上。

5G 可以达到 1~2 毫秒的响应时间，这使得智能家居产品可以做到用户触发之后立即反应，从而给用户带来更好的使用体验。例如，在智能家庭安防上，迅速响应意味着更早发出警报，这可以进一步保障用户的生命财产安全。

5G 在智能家居中的应用，一方面将建立统一的网络标准，有利于不同品牌的产品在同一个场景下使用，也加速了行业内各企业间的沟通合作；另一方面也提升了产品的性能，给用户带来更好的使用体验。总之，5G 在智能家居行业的应用可以整合智能家居的资源，加强行业间的合作，促进行业的发展。

2018 年年初，旺旺集团旗下的神旺酒店表示将与阿里巴巴人工智能实验室合作，共同打造人工智能酒店。阿里巴巴从智能音箱天猫精灵入手，为神旺酒店提供了以下服务。

（1）语音控制。用户可通过语音打开房间的窗帘、灯、电视等装置。

（2）客房服务。传统的总机电话服务功能将不复存在，用户可以用语音查询酒店信息、周边旅游信息或者自助点餐等。

（3）聊天陪伴。用户可以与天猫精灵进行一些有趣的互动，如记录日程、点播音乐等。未来，天猫精灵还可能增加生活服务功能。而天猫精灵的 AI 语音助理可能将把用户在家庭生活与出行住房的体验结合起来，为其提供更加贴心的服务。

5G 将使智能家居向更广范围延伸，在不久的将来，旅店、汽车等与家庭相似的场景中都会出现智能家居的身影。

10.1.4　3D/4D 打印技术

生活在新时代的人们，对 3D/4D 打印技术应该都不会太陌生，而且该项技术也被广泛应用到产品的生产过程中。所以，对于企业来说，掌握该项技术是非常必要的，一方面，可以改变产品的生产方式；另一方面，可以提高产品的生产效率。

其中，3D 打印是以数字模型文件为基础的，通过逐层打印的方式来生产产品；而 4D 打印则要比 3D 打印更加高级，在没有打印机器的情况下也可以让材料快速成型，而且根本不需要连接任何复杂的机电设备就能按照产品设计自动折叠成相应的形状。

从目前的情况来看，已经有很多企业掌握并引入了 3D/4D 打印技术，例如，维多利亚秘密采用 3D 打印技术生产服装，阿迪达斯采用 3D 打印技术制作跑鞋等。下面就以阿迪达斯为例进行详细说明。

早前，阿迪达斯制定了一项计划：出售 5 000 双"Futurecraft 4D（未来工艺 4D）"运动鞋。同时还指出，要将打印一双运动鞋的时间缩短到 20 分钟。另外，根据阿迪达斯内部员工透露，在 4D 打印技术的助力下，有望卖出 10 万双运动鞋。

智能制造 原理、案例、策略一本通

针对这一情况，人们纷纷表示，大批制造工人正在面临失业的危险。实际上，早在 2016 年年底，阿迪达斯就已经出售了几百双 3D 打印鞋底的运动鞋，价格高达 333 美元。当然，阿迪达斯也因此获得了非常丰厚的收益。

可以看到，阿迪达斯在运用 3D/4D 打印技术助力自身产品生产的道路上不断前行，就拿阿迪达斯旗下的一家快闪店来说，店里销售的"卫衣"全部都是定制化生产，只需 4 小时就能出成品，可以说抢尽了风头。而阿迪达斯的 Futurecraft 4D（未来工艺 4D）运动鞋，20 分钟就能出成品，应该还会像定制卫衣一样，专门开一家快闪店进行销售和宣传。

具体的做法是：消费者在官网上预定好运动鞋以后，就能去快闪店扫描他们的脚，然后 4D 打印机就会在第一时间进行生产。对于那些脚太小或者脚太大的消费者来说，购买这种定制运动鞋简直再合适不过，因为这会消除他们买不到鞋的烦恼。

不过，对大多数消费者来说，这种定制运动鞋可能并不是最佳选择，毕竟 4D 打印技术还是存在某些弊端。举个例子，一张由层层面皮叠加而成的"千层饼"，和只有一个面团制作而成的"大饼"，哪个更加结实？答案显而易见。

特别是运动鞋这类的产品，质感要求非常高，而阿迪达斯的这种 Futurecraft 4D（未来工艺 4D）运动鞋在材料及其间隙构造方面都有一定的局限性，所以可能并不会成为运动鞋中的主流。当然，价格也确实过高，如果噱头足够的话，前期可能会有很多消费者购买，但后期就会越来越少。

实际上，除了 Futurecraft 4D（未来工艺 4D）运动鞋这种创意，阿迪达斯的营销手段也非常值得学习和借鉴。相关数据显示，在李宁、阿迪达斯、耐克、安踏等知名鞋类品牌当中，销售业绩最好的就是阿迪达斯。之所以会出现这样的情况，不仅仅是因为阿迪达斯运动鞋的质量比较好，还因为阿迪达斯有着非常高超的营销手段。

那么，如此高超的营销手段究竟是什么呢？其实非常简单，就四个字——"品牌效应"，因为只要有消费者存在的地方，品牌就不会消亡。在造牌这一方面，阿迪达斯确实做得非常出色，从建立伊始就不遗余力地花钱打广告，宣传品牌，包括 Futurecraft 4D（未来工艺 4D）运动鞋的噱头，也是其中的一个环节。

当然，也有许多运动品牌想要复制阿迪达斯的模式，但大部分都是浅尝辄止，没有掌握要领，最终导致失败。另外，这种 Futurecraft 4D（未来工艺 4D）运动鞋的成本很高，光模具就造价不菲，而阿迪达斯不仅敢投入巨额资金，而且还在认真地打造噱头，就是因为背后有品牌的支持，这恰恰是那些小众运动品牌所不具备的优势。

通过阿迪达斯的案例，其实不难看出，对于企业来说，不仅要掌握相应的技术，还要学会品牌营销，只有这样，才可以在改变产品生产方式的基础上，实现销售量和销售额的增加，从而获得更加丰厚的盈利。

10.2　智能制造三大领先策略

众多知名企业在智能制造领域的创新探索，无非都是想搭上时代的列车，做未来 20 年间的行业领导者。对于企业而言，谁都不愿意错过这趟超级列车。但是事实告诉我们，真正能搭上超级列车的企业不会超过 10%，你准备好了吗？

10.2.1　工业革命进化史

通过比较前 3 次工业革命，我们可以发现 3 个共同点。一是生产方式得到了改变；二是企业与企业之间话语权重新分配；三是国家与国家之间话语权重新分配。

第一次工业革命使英国产生了大量新的企业贵族，企业精英联合起来以国家形式向世界证明英国是世界强大的国家；第二次工业革命使美国、德国、日本的国际地位急剧提升，后来德国与日本因世界大战的失败经济遭受重创；第三次工业革命由美国主导，其他国家纷纷跟进，发展中国家发展迅速，中国长期保持高增长，国际地位大大提升。

就中国而言，科技企业慢慢占据各行业主导地位，百度、腾讯、阿里巴巴等巨头陆续崛起，不断向其他行业渗透。

第四次工业革命对中国来说，与第三次工业革命一样，是一场"弯道超车"比赛。因为尽管美国、德国等国家占据了技术优势，但中国的发展空间远超于发达国家。因为中国需要向发达国家努力迈进，而且在国土面积、人口规模等方面都有绝对优势。

作为企业，如何在基于智能制造的场景下，实现同行间的超越呢？工业革命的共通性，就是提高生产力、淘汰落后生产方式。作为企业的掌舵者，首先要做的就是删除。

微软曾经裁掉约 1.25 万名员工，这些员工来自被微软收购的诺基亚。微软CEO 纳德拉说："重组员工队伍能使组织结构更有优势，进而实现微软的远大理想。"收购后的诺基亚仍然不能摆脱亏损的结局，使得微软不得不剥离诺基亚的亏损业务和裁员。由于诺基亚的代价太高，影响了微软的步伐，导致其不得不通过重组完成战略布局的优化。

随后，IT 行业的裁员风波不断升级，微软将裁员数量提高至 1.7 万人；戴尔公司宣布裁员 1.5 万人，占其全球员工的 15%；惠普则裁员 5 万人；IBM 宣布裁员 1 万人以上。

老牌 IT 企业为何频频裁员？皆因战略转型和重组。思科 CEO 约翰·钱伯斯认为，转型升级是思科不得不做出的艰难决定，这一决定可以促使思科专注于能够增长的领域，从而成为世界排名第一的 IT 供应商。

微软裁员的目的是把精力集中到云服务和移动互联网领域；戴尔裁员的目的是实现业务的转型，弱化传统 PC 服务，转而为企业提供 IT 解决方案；惠普裁员的目的是放弃 PC 产业龙头的地位，同样向企业级市场转移。

移动互联网的来临，使得科技巨头们不得不淘汰旧的商业模式而引入新的商业模式。与旧的商业模式相比，新的商业模式采取的是扁平化布局，员工更少，效率更高，这是 IT 行业的一场新的游戏规则，要么接受，要么出局。中国的中小企业需要做的就是淘汰并出售一些非核心业务，进而让精力、资本集中到有竞争力的核心业务上。

删掉非核心业务后，企业要做的是引入或收购一些有潜力的企业。对于传统企业而言，提升竞争力的最快方法就是直接引入先进企业的模式，进行格局重塑。

陈一舟于 2002 年创办千橡互动集团，接着又开发出 5Q 校园社区，最终其影响力不敌王兴创办的人人网。后来，陈一舟以 5 000 万元人民币收购了校内网，运营几年后，校内网更名为人人网，并成功在纽交所上市，当时市值达 71.2 亿美元，成为当时仅次于百度的第二大信息技术概念股企业。尽管上市后，人人网的发展一年不如一年，但不能不说这是一次完美的同行业单一收购式转型路线。

与之不同的是，目前许多巨头开启了跨行业收购路线，以期获得更大的版图，阿里巴巴就是其中一位。阿里巴巴上市后，收购、并购、入股等动作不断，我们来看一下马云布局的版图。

未来的电子商务绝对离不开搜索引擎，所以，搜索引擎是阿里巴巴未来主要的投资方向。于是阿里巴巴投资了雅虎中国、搜狗两大搜索引擎。

在生活服务方面，阿里巴巴收购口碑网，入股美团、快的打车、高德地图。以本地生活服务为切入点，立足全国数十家大中城市，将阿里巴巴发展成为国内最大的本地化生活社区平台，并最终为阿里巴巴旗下的各类服务带来更好的用户

黏性和口碑。

在电商方面，阿里巴巴投资中国万网、宝尊电商、深圳一达通等，以加固自己的电商领导者地位。

在移动互联网和社交领域，阿里巴巴入股微博、陌陌、UC 浏览器。这是位于电商之后的第二大流量入口。

在影视媒体领域方面，阿里巴巴入股虾米网、优酷土豆、华数传媒。影视领域一直是娱乐业产出比较高的地方。

在金融领域，阿里巴巴与天弘基金、恒生电子开展深度合作。这使得阿里巴巴的小微金融体系进一步完善，也为阿里巴巴在外跑马圈地提供了足够的现金流。

电子商务离不开物流的参与，阿里巴巴投资百世物流、星辰急便、日日顺物流、新加坡邮政等。这使得阿里巴巴足以与京东等电子商务平台抗衡。同时，阿里巴巴联合顺丰等企业成立菜鸟物流，进一步提高物流优势。

通过删除、纵深收购、版图闭环等形式的重组，企业可以在中长期内占据发展优势，进而为下一步扩张做好技术、资本方面的储备。

10.2.2 大小数据互连互通

近年来，大数据发展迅速，包括谷歌、亚马逊在内的一些主打大数据概念的企业也在最近 5 年实现快速扩张，业务范围覆盖全球。其增长速度令人吃惊，投资者也对其抱有很大期望。Splunk 于 2012 年在纳斯达克成功上市，成为世界上第一家上市的大数据处理企业，这就是大数据带来的想象空间。

不过，目前没人愿意给"大数据"下具体的定义，因为现在还没人给"小数据"下定义。小数据是大数据的前提，小数据都没弄清楚，那么大数据应该依照什么作为参考点？

对于大数据，美国哈勃太空望远镜团队成员 Borne 这样描述："大数据就是一切能够被量化和被追踪的数据。"这一定义是说，目前我们面对的所有一切都可以进行测量和量化的，例如，现在许多媒介都是信息采集点，包括信息高速公路、智慧城市、智能医疗、移动社交、电子医疗记录、监控摄像头等。尽管这有可能涉及大数据所带来的隐私问题，但是这为我们提供了一个测量方法，只是过程还需要优化而已。

对于大数据和小数据，有人给出了一个区分点："小数据适合常人使用，而大数据适合企业使用。"一旦你区分了两者的根本不同点，那么，你就很容易理解为什么机器能够运行完整的数据流，并进行大数据运算。

如果我们报了一个培训班，就不可能使用大数据，因为那会让我们花费大量时间去学如何移动数据，而没有时间学习任何具体要学的内容。对于企业而言，使用大数据相对容易得多，因为企业拥有大量的员工。如果需要追踪用户，了解用户，向用户推荐产品，只需要一个小团队就可以完成。

小数据的可视化很容易，大数据就不那么简单了。当我们使用谷歌地图搜索旅游路线时，我们会先点开一个世界地图或区域地图。当你放大到一个特定的城市纽约，那么地图只能为你提供纽约的信息。当你再次放大数万倍，你就能看到清晰的旅游景点周边的商家、人群，因为你已经获得很高分辨率的数据。

当然这只是大数据的子集之一，与整体相比，其实这就是小数据，因为它是分级数据结构的一小部分。当你再次放大，能看清周边的每一个细节时，大数据基本收集完成了，这就组成了整个数据集。当你需要小数据时，最为简单的办法就是下载了一张高分辨率地图，然后在地图上进行数据分析。

当把小数据了解清楚之后，大数据的操作思路就很明晰了。目前，每个企业都希望提高自己的竞争力，但是最终还是被打败。因为自己的竞争力不集中，

无法形成一种压倒性优势。

亚马逊是一家很大的电子商务平台，但是它的主要收益来自云服务。也就是说，企业的核心竞争力不一定体现在表面上，而应该体现在底层上。

因此，企业必须找到自己的核心数据，才有可能以此为基础建立自己的大数据。当核心数据找到后，就需要寻找一些外围数据，利用滚雪球模式，让其成为第二层核心。另外，企业还应该通过第三方的数据丰富自己的数据库。

我们只有把所有能用数据全部掌握在手中，才能实现针对数据的最大限度优化，具体可以从以下 5 个步骤进行操作。

（1）建立自己的用户系统，找到企业最基本的元数据。

（2）建立外围数据系统，通过企业的一些活动等收集用户的信息，然后与营销对接。

（3）建立相关行业数据。如果你经营一家销售快消品的企业，是不是可以尝试通过合作的方式获得沃尔玛、家乐福的数据。如果你是销售剃须刀的企业，是不是可以尝试通过合作的方式得到啤酒企业的销售数据。因为许多用户的行为都是有规律的，用户可能在买啤酒的时候去购买一把剃须刀；还可能在购买儿童用的纸尿布之后，去购买儿童用的奶粉。这类案例有许多，企业可以通过纵向连接的方式完善相关行业数据系统。

（4）建立社会数据。这一数据量特别大，几乎无所不包。通过对社会数据的深度挖掘，建立企业的全球视角，优化用户的消费体验。

（5）建立失效预警。我们收集到的小数据、大数据都有一定的使用时间、空间限制，这时，设立一项预警指标就显得更为重要。当理论与现实差距超过 30%，那么数据就需要进一步整理了；当理论与现实差距超过 70% 的时候，那么数据基本已经报废了。如果数据失效了，那么我们就需要挖掘新的、相关的数据，否则也会造成一种浪费。

如果企业积累了1PB（1PB=1 024TB=1 024×1 024GB=1 024×1 024×1 024MB）的数据，并不是一件值得骄傲的事，因为大量的旧数据，已经在浪费资源。因此，有价值的数据永远是新的、有前瞻性的数据。

(10.2.3) 努力打好数据入口之战

很多企业将来都会成为大数据企业。美国有苹果、谷歌、微软、亚马逊等巨头；中国有阿里巴巴、百度、腾讯、小米、京东等巨头。看到弄潮儿的时候，我们也要看一些被潮流抛弃的企业。

1995 年，互联网大潮越来越热，由此催生大量的科技企业。表 10-1 是当时排名前五的科技企业，还有目前新兴的科技企业，我们发现只有苹果存活了下来。

表 10-1　互联网大潮下的科技企业变化

	1995 年	2019 年
1	Netscape	苹果
2	苹果	谷歌
3	Axel Springer	阿里巴巴
4	RentPath	Facebook
5	Web.com	亚马逊

之前排名前五的科技企业有 4 家倒在了改革风潮中，而如今，新的风潮已经来临——移动互联网。那么到 2040 年的时候，世界上还会有苹果、谷歌、阿里巴巴、Facebook、亚马逊吗？我们无法推测这一结果，但是我们可以断定，如果倒下，必是因为移动互联网。

对于中小型企业来说，这是一次机遇，一个成为全球前五的机遇，同时也是一个挑战，这个挑战有可能会让参赛选手输得血本无归。

从全球来说，在移动互联网时代，中国、美国、印度、巴西、俄罗斯、日本

等拥有庞大的应用场景。因为其具备了两个特点，一是国际影响力，二是人口规模。这些国家的数据入口之争将会非常激烈，因为掌握了数据入口就掌握了致胜法宝。

在中国，只要认识字，都会用QQ。微信通过QQ强势导流，快速占领市场，并取得移动社交领先地位。因为微信占据流量、数据入口，拥有强大的引流能力，所以，如果腾讯想再建立一个能与微信匹敌的其他超级应用，只需要联合QQ与微信就可以了。

如今，竞争的场景在慢慢变大，企业的新竞争将是对车载、可穿戴设备等新兴终端的抢夺。企业后台的战略布局是大家看不到的，这是背后的较量。但这一切都是为了争夺信息入口，因为未来世界谁掌握大数据，谁就拥有了主动权。

与之前的电视相比，移动互联网将更加智能，因为只需要数据为我们做决策就可以了。如果企业想知道用户的喜好，只需要去看一下系统统计的大数据，就能分析出用户的年龄、习惯，甚至知道用户下一步会做什么。在大数据面前，企业比用户更了解用户，这是信息入口之争的价值。为什么打车软件在做疯狂赔本补贴，为什么美团赔本，而投资人还在扶持它，因为大家看到了信息入口，信息入口只要与钱挂上钩，那么就离赚钱的时候不远了。

由于银行业的存款利率太低，各种理财产品开始抢占理财市场，于是各种理财机构展开抢"宝"大战，仅余额宝一家就疯狂吸金7 000亿元。移动互联网时代，理财产品有了更多发挥，互联网金融已经诞生，互联网银行指日可待。

从目前的情况来看，新兴的数据入口有很多，主要集中在以下几个领域。

1. 衣食住行等服务领域

例如，美丽说、大众点评、酒店管家等就是推出衣食住行服务的成功代表。

企业先通过和小部分商家建立合作，吸引用户，然后再让大量商家入驻。当然，也可以先只做到信息层，待吸引了足够多用户后，再建立销售队伍逐个击破已经获益的商家。在日常生活的每个细分领域，通过移动互联网的实时定位等特性，都可以形成新的信息服务来满足用户需求。

2．健康医疗领域

现在，移动医疗产业链由移动运营服务商、信息平台提供商、医疗设备制造商、医疗应用开发商组成。在移动运营服务商、医疗设备制造商这两个环节，由于成本和经营资质等因素，科技企业很难进入。而信息平台和医疗应用至今仍存在较大缺口，新兴的科技企业存在大量机会。

3．手机游戏领域

手机游戏正成为全民娱乐的新方式。随着人们的时间被不断碎片化，人们对触屏的依赖程度将会提高。而更多高品质游戏作品的出现，会让更多用户将精力投入到移动娱乐产品上来。

4．垂直细分领域

现在很多投资者都在致力于平台的建设，但百度、阿里、腾讯等传统科技巨头已经把平台市场占领，新兴企业脱颖而出的可能性极小。但中小企业并非全无机会，垂直领域就是中小企业的一个好选择。

移动和社交两大因素的发展将会给垂直领域带去更大的价值，例如陌陌、唱吧等就是成功的例子。

5．移动广告领域

移动终端具有独占性、深入互动和定位到人的特点，移动广告的精准传播效果要远远超过传统广告。李开复认为，广告是移动互联网的收入支柱，但短期内不会有太明显的表现，其真正显现威力的时候可能在三五年之后。

大数据引起行业的变革，这种变革并非只是一些软硬件的堆砌，而是深入挖掘出的数据本身的价值。以云计算、人工智能为代表的技术出现后，那些原本很难收集的数据开始变得容易，传统企业也将借助这一变革实现转型升级。

读者调查表

尊敬的读者：

　　自电子工业出版社工业技术分社开展读者调查活动以来，收到来自全国各地众多读者的积极反馈，他们除了褒奖我们所出版图书的优点外，也很客观地指出需要改进的地方。读者对我们工作的支持与关爱，将促进我们为你提供更优秀的图书。你可以填写下表寄给我们（北京市丰台区金家村288#华信大厦电子工业出版社工业技术分社　邮编：100036），也可以给我们电话，反馈你的建议。我们将从中评出热心读者若干名，赠送我们出版的图书。谢谢你对我们工作的支持！

姓名：_____　　　　　　　性别：□男　□女

年龄：_____　　　　　　　职业：_____

电话（手机）：_____　　E-mail：_____

传真：_____　　　通信地址：_____

邮编：_____

1．影响你购买同类图书因素（可多选）：

□封面封底　　　□价格　　　　　□内容提要、前言和目录

□书评广告　　　□出版社名声

□作者名声　　　□正文内容　　　□其他_____

2．你对本图书的满意度：

从技术角度　　　　　　　□很满意　　　□比较满意
　　　　　　　　　　　　　　　　　　　□一般　　　□较不满意　　□不满意

从文字角度　　　　　　　□很满意　　　□比较满意　　□一般
　　　　　　　　　　　　　□较不满意　　□不满意

从排版、封面设计角度　　□很满意　□比较满意
　　　　　　　　　　　　　□一般　　　□较不满意　　□不满意

3．你选购了我们哪些图书？主要用途？
_____

4．你最喜欢我们出版的哪本图书？请说明理由。
_____

5．目前教学你使用的是哪本教材？（请说明书名、作者、出版年、定价、出版社），有何优缺点？
_____

6．你的相关专业领域中所涉及的新专业、新技术包括：
_____

7．你感兴趣或希望增加的图书选题有：
_____

8．你所教课程主要参考书？请说明书名、作者、出版年、定价、出版社。
_____

邮寄地址：北京市丰台区金家村288#华信大厦电子工业出版社工业技术分社　邮编：100036

电　　话：18614084788　E-mail：lzhmails@phei.com.cn　　微信 ID：lzhairs

联 系 人：刘志红

电子工业出版社编著书籍推荐表

姓名		性别		出生年月		职称/职务	
单位							
专业				E-mail			
通信地址							
联系电话				研究方向及教学科目			

个人简历（毕业院校、专业、从事过的以及正在从事的项目、发表过的论文）

您近期的写作计划：

您推荐的国外原版图书：

您认为目前市场上最缺乏的图书及类型：

邮寄地址：北京市丰台区金家村 288#华信大厦电子工业出版社工业技术分社　邮编：100036
电　　话：18614084788　E-mail：lzhmails@phei.com.cn　　微信 ID：lzhairs
联 系 人：刘志红

反侵权盗版声明

电子工业出版社依法对本作品享有专有出版权。任何未经权利人书面许可，复制、销售或通过信息网络传播本作品的行为；歪曲、篡改、剽窃本作品的行为，均违反《中华人民共和国著作权法》，其行为人应承担相应的民事责任和行政责任，构成犯罪的，将被依法追究刑事责任。

为了维护市场秩序，保护权利人的合法权益，我社将依法查处和打击侵权盗版的单位和个人。欢迎社会各界人士积极举报侵权盗版行为，本社将奖励举报有功人员，并保证举报人的信息不被泄露。

举报电话：（010）88254396；（010）88258888

传　　真：（010）88254397

E-mail：　dbqq@phei.com.cn

通信地址：北京市万寿路 173 信箱

　　　　　电子工业出版社总编办公室

邮　　编：100036